不 / 换 / 屋

家 的 重 生 改 造 计 划

漂亮家居编辑部　编

上海文化出版社

CHAPTER

1

原屋改造
最重要的 9 堂课

Step by step 改造开始

一目了然！
原屋改造 Step by step 流程图

清楚掌握从计划到完成的每一项重点流程，循序渐进才能一劳永逸改造理想的家。

1 评估
· 厘清目的
· 启动时间点
详见原屋改造 Lesson 1

2 考虑
· 改造蓝图
· 做好预算
· 过渡期的安排
详见原屋改造 Lesson 1

3 准备
· 施工方式
· 选择团队
详见原屋改造 Lesson 2

6 申报登记
· 处理程序
· 了解法规
详见原屋改造 Lesson 5

5 签订合同
· 确认报价单
· 看懂合同
详见原屋改造 Lesson 4

4 沟通
· 看懂平面图
· 认识设计图
详见原屋改造 Lesson 3

工程签约

7

· 确认费用
· 确认支付次数及
　时间点

动工前准备

8

· 调整生活方式
· 决定暂时居住点

基础工程

9

· 屋况全面检查
· 工程执行

详见原屋改造 Lesson 6

设备配置

10

· 管线配置
· 厨卫空调设定

详见原屋改造 Lesson 7

入住

14

完成所有装修改造、入
住的三个月至半年内仍
要留心各种细节，特别
是管道线路，与你的设
计师和装修队保持联络
是好方法。

验收

13

· 监工表格
· 验收表格

详见原屋改造 Lesson 9

家具进场

12

· 掌握尺寸
· 进场动线安排

装饰工程

11

· 天、地、壁、
　门窗饰底
· 清洁工程

详见原屋改造 Lesson 8

Lesson 1
改造前的全盘评估

非重新装修不可吗? 行动前，做好前、中、后期的规划

居住区域的动土改造，就像是人生进入新的环节，是一个蜕变的旅程，所要花费的时间与金钱很可能超乎预期，最后的结果对于未来生活将会有长远的影响，事前做好全方位评估格外重要：真的非要重塑现有的空间吗? 还是替换掉原有的部分家具也一样能达到目的? 特别是小户型住宅，每个空间都需要充分运用。

装修改造思考点

如何思考家里是否需要改造，以及装修改造的程度呢? 建议可从"功能""预算""风格"三方面着手。

01 _ 功能

检视家里能提供的功能是否符合当下的需求，以及未来的需求。当下需求如动线是否顺畅、空间是否宽敞、收纳空间是否足够。因家庭成员的变化，也可能衍生出未来需要，如家里添了宝宝、老人照护等。

02 _ 预算

能为工程付出多少预算? 这决定了未来工程的规模与质量。另外，时间也是无形的金钱，进行装修改造耗费的时间要多久? 是否要请假监工等。除此之外,工程的过渡阶段也会衍生出额外的花费，如租房费用，都是需要考虑的重点。

03 _ 风格

尽管对大多数家庭而言，风格的转换对于居住并没有实质上的必要性，却能在精神上、心灵上有正面的帮助，脱离熟悉的空间、走入自己喜欢的新空间，创造新的生活体验。

充分了解住宅状态

决定动工之前，屋主对于所居住的房子要有彻底的了解，才能掌控每一个改造工程的细节，并能针对需求减少不必要的花费。

别以为住得久就算了解，这其中还包括"实用面积""屋龄""空间尺寸结构""管线位置"等，可以委托专业人员制作空间图，从图上全盘掌握所有看得到（格局和动线）、看不到（管线）的细节。另外也可委托室内设计团队，或是值得信赖的装修师傅进行一次居家空间检测，倘若有管线设备老旧等问题，也能一并在改造时处理。

制图费用

请室内设计公司或装修队出图，比如平面图、立面图、3D透视图及施工图等，费用通常依图纸详细度、绘画方式及住宅面积而不同，通常在800~8000元之间（1新台币≈0.23元人民币，为方便阅读，本书中的货币已换算为人民币。——编者注）。

什么时间开始动工？

一般时间规划是以完工后可入住的时间往前推三个月，且装潢时最好避免因节假日造成施工中断，如农历春节，会导致太长时间无人看管工地，造成危险和损失。另外建材和家具最好在装潢之初就决定，减少因进口问题或缺货让完工日延后。装潢也有淡旺季之分，一般年前是旺季，年后则为淡季。愈是功夫好的设

图片提供 / 优士盟整合设计

装潢工程中"先破坏后建设"是最大的原则，从敲墙、清除旧有的装潢等工程开始，然后是水电配套工程，木工、水泥、钢铝、空调等工程再搭配进场。

计师或装修队师傅档期愈满，多问朋友经验，介绍熟识的装潢团队，或是早点预约档期，都是比较合理的做法。

在拟定施工进度表时，并非所有的装修工程都要一次完成，若预算有限，不妨依序分阶段、挑项目来局部性施工。一般新住宅的微调，少了拆旧，能省下较多时间，会在 2 个月内完工，但老房子就要视复杂度来评估，一般来说至少需要 2 ~ 3 个月，有的甚至长达半年至一年。若是有管委会管理的大楼，则要事前提出装修申请，每个大楼依施工规定不同，工程时间也会有所影响。

工程项目所需花费时间			
工程项目	所花费的时间	工程项目	所花费的时间
保护工程与拆除	2 ~ 5 天	水泥、水电	12 ~ 15 天
木工、水电	10 ~ 20 天	水电管线与空调	3 ~ 7 天
五金玻璃工程	10 ~ 20 天	涂装工程	2 ~ 5 天
地板及其他	3 ~ 5 天	清洁收尾	1 ~ 2 天

过渡期的居住安排

　　装修时间少则 2 个月，长则半年，因此决定施工时，建议先确认是否有其他可借住的空间，以节省租房费用。倘若物品太多担忧收纳空间不足，可参考台湾近几年引进客制化的便利仓库／迷你仓库，主要解决不同的居家、商业储藏的问题，短期使用很适合采用这样的方式解决收纳。一般来说，费用以月租计算，依照承租的容量而定，多在 300 ～ 1800 元。

　　若家人没有空间能长时间居住，则开始搜寻租房信息。有意愿短期出租的，多为职业房东，往往会增加租金，减少空屋期无法收租的金钱损失，像是原本一个月 3000 元，可能会提高到 4000 元。因此有短期租房的需求时，要有租金较高的心理准备。并注意押金的额度要低于租金，不应因短租而提高，这样是不合理的。

租房地区建议不要离现有的生活圈太远，上学、上班的通勤时间和路线也可如往常一样，不用适应新的生活圈，也可就近搬家或是监工。

插画提供／黄雅方

Lesson 2
装修前的必要准备

房屋状况谨慎观察了解，让改造不费心又省力

屋况的好坏，会影响翻修时的空间规划及工程的复杂度。当只能隔成三室的空间，硬要变成四室；或者天花板维持得干净平整，但非要做木制天花板，都会增加装修的难度和装潢预算。很多空间格局因需求的不同要经过调整，但格局调整和施工都有其专业，找到对的设计师获得专业评估，进而找到专职的装修队师傅施工。

决定选择设计师或装修队时，建议去看设计师或装修队正在进行的工地现场，在现场可以发现装修队质量好不好，如果工地现场管理得好，并有施工许可证，就会更有保障。

装修的四大思考重点

如何调整房屋设计难度，以及有哪些妙招该知道？建议可从"隔间""硬件""材质""施工方式"四方面来思考。

01 _ 隔间

将必要之隔间变更减至最低。保有、依循部分原有的隔间，可以让你在设计上较易进入状况，不至于抓不住重点。

02 _ 硬件

先将结构、外观、漏水等问题处理完毕。把房屋"硬件"部分的问题先解决掉，之后才能专注于室内的部分。

03 _ 材质

尽量舍弃繁复的材质运用。太多的材料会增加设计上的复杂度，而且也不见得更美观。

寻找合格装修队或设计师

朋友介绍的，但怎么知道找的装修队或设计师有没有问题？登记在案的装修公司，可至中华人民共和国住房和城乡建设部官网→办事大厅→单位资质查询→建设工程设计企业，输入企业名称或统一社会信用代码查询。

04 _ 施工方式

不要硬着头皮执行太困难或费工的改造。施工难度高的设计，不仅要更多预算，设计上的思考也不周全，例如灯光、电路，尽量减少间接式或隐藏式灯光等难度较高的手法，改以简单的吸顶灯、嵌灯为主。

如何选择值得托付的对象？装修团队大评比！

专业团队	优点	缺点
系统家具商	可拆解搬移，并能针对新环境进行合尺寸的修改，品牌厂商除了提供系统家具的设计服务，部分也有自营工厂，能确保产品质量。	由于尺寸制式化，而且板材、五金品牌大多为固定合作品牌，所以更换品牌的选项较少。
装修队	只要能掌握流程及工程预算，找装修队可以省下不必要的花费。且从平面图设计规划到与装修队沟通施作方式、监工等都有更具弹性的空间。亲力亲为完成，也多了对"家"情感面的认同和 DIY 动手的成就感。	装修项目非常烦琐，小到五金、把手，大到监工、验收等大事都要自己张罗。挑建材及监工都需要有耐心，所以花费的沟通时间成本相对更多。
设计师	装修是需要时间和专业知识的，若自己是朝九晚五的上班族，且缺乏空间装修的专业知识，找设计师装修房子能有事半功倍的成果。	在收费上从"纯做空间设计出图"至"监工、施工全包"都有，价格高低与设计师知名度及设计的经验年份长短有关，当然知名度越高、经验越丰富，收费就会越高。
定制家具厂商	在细节上可接受客制化处理，规划理想尺寸、功能、颜色、形状甚至是外观图样等。也适合小空间使用，因其容易移动，能够节省空间浪费，并且兼顾生活功能。	本身要先清楚自己要的东西，再去寻找合适的定制家具厂商合作，沟通时要表达清楚需求，以及定制到完工的时间，如此一来，才能掌握完工的时间。

Lesson 3
学习高效图纸沟通术

最重要的沟通媒介，落实家的装潢进度从图纸开始！

"平面配置图"除了是室内设计的沟通媒介，还包含空间配置的观念，不管是与设计师或装修队沟通，都一定要有平面配置图，才能清楚地知道有没有达到自身需求。例如，客厅空间的面宽至少要在 4 米以上，尺寸的概念比如抽屉的深度，有时觉得差一厘米没什么，但差一厘米很有可能连抽屉都无法顺利开合。

如何获得平面配置图

"平面配置图"的获得，按照与设计师的合作方式可分为"单纯空间设计"和"设计连同监工"；当然也有常见的免费室内设计软件，能够画出精美的 2D 图和 3D 图。

01 — 单纯空间设计
在完成平面图后，就开始签约支付设计费，多半分 2 次付清，设计师要提供屋主所有的图，包含平面图、立面图及各项工程的施工图，如水电线路图、天花板图、柜体细部图、地坪图、空调图等。设计师还有义务帮屋主向工程公司或装修队解释图纸，若所画的图无法施工，也要协助修改解决。

02 — 设计连同监工
设计师除了提供上述的设计图及解说图外，还需要负责监工，定时向屋主反馈工程状况（反馈时间由双方议定），并解决施工过程中的所有问题，付费方式多为 2 ～ 3 次付清。

03 — 免费室内设计软件
软件如 SketchUp，为免费且多人使用的软件，模型多，功能完整；Floorplanner 也是老牌在线软件，能画出手绘效果；另外 Planner 5D 有手机 App 版，可在 Android、iOS 上使用，简单易学。

秒懂平面图步骤，装潢新家不困惑

步骤 1	先找到入口位置。
步骤 2	了解空间之间的关系。
步骤 3	观察空间区域比例大小。
步骤 4	掌握跨距尺寸。
步骤 5	注意设计说明。

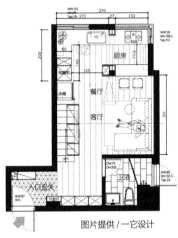

图片提供 / 一它设计

从入口位置出发，一一找出空间，像客厅→餐厨→主卧→卫浴等，循序比对每个区域的位置。

认识设计图让装潢更省时

原始隔间图	设计师在完成丈量后，会先给空间原始平面图，上面会标示管道间位置及门窗位置，屋主可先找到出入口、确定方位，了解整个空间格局现状。
水电配置图	包含插座、电话、网络、电视出线口的位置及出线口的高度，以及数量。
柜体配置图	确认柜体包含衣橱、收纳柜等位置是否符合需求。
门窗 + 梁尺寸图 + 天花板照明	设计师会在门窗位置标上尺寸图，要知道门窗的尺寸，就要先认识一下图上标示的代码。梁会影响到空间的规划，要先确认梁的位置，梁通常以虚线表示。再确认天花板的位置及高度，照明的方式包含灯具的位置及款式。

图片提供 / 朵卡设计

拿到如上图的原始隔间图后，屋主可先找到出入口、确定方位，从而了解整个空间格局现状。

Lesson 4
报价单与合同的重点解读

看懂报价单玄机，签对合同有保障

　　好不容易凑出一笔装修费，要如何妥善运用才不会被设计师或装修队当冤大头，且避免无限度地追加装修预算呢？这时，看懂报价单就相当重要。清楚又明确的报价单，对于各项费用的细目都详尽列出，一来方便讨论，二来追加预算或减少预算移作他途时，屋主与设计师也能一目了然。除此之外，不管找设计师、工程公司或装修队，签合同也是极为重要的环节，就算是委托亲朋好友装修，为避免日后纠纷，双方也要签订合同，才是最有保障的做法。

仔细审读报价项目以免当冤大头

01_ 请明确公司地址与联络电话，对于消费者比较有保障。

02_ 确认客户名字以防设计师拿错报价单。

03_ "式"为装修计价单位，意指"款式"。

04_ "废弃物拆除清运车"费用容易被人遗忘，请明确计价方式。

05_ 卫浴、阳台与厨房的防水工程为必要之基础工程，请勿删除此部分预算。

从委托的装潢公司开始，逐项了解每个条款的内容、单位、数量、价格，任何口头约定都要补充进去。

XX 设计有限公司

xx 省 xx 市 xx 路 2 段 141 号 8 楼

TEL: 　　　　　　　　　　FAX:

工程预算报价单

客户姓名：　　　　　　　　　　工程地址：

报价日期：　　年　月　日

序号	工程名称	单位	工程量	单价	金额
三、	水电工程				
1	总开关箱内全换新	式	1		
2	冷热水管换新	米			
3	天花板电源线换新	米			
4	壁面开关插座配管配线	米			
5	全室电话配管配线	米			
6	客厅及主卧电视线配管配线	米			
7	网络配管配线	米			
8	阳台配水管	米			
9	阳台配排水管	米			
四、	灯具工程				
1	主灯	盏	3		
2	射灯	盏	21		
3	吸顶灯	盏	1		
五、	土建改造及其他				
1	厨房、阳台及卫生间防水	平方米	0.00		
2	打凿拆除	平方米	0.00		
3	封墙及修补改造	平方米	0.00		
4	材料运输及搬运费	平方米	0.00		
5	建渣清运费	平方米	0.00		
6	施工现场日常卫生费	平方米	0.00		
				共计	

总额：人民币　　　佰　　拾　　万　　千　　佰　　拾　　圆整

06_ 请详述生活需求，设计师可将设计规划其中，不但美观且更为方便。

07_ 需要另外计价的工资部分有：木工工程、水泥工程、空调安装、卫浴与厨具安装、灯具安装与系统柜安装等。但是大多木工与水泥工程报价皆为"含工带料"。

08_ 请确认数量。

09_ 不同工程进行有不一样的单位计算，要清楚知道计价单位及方式。

10_ 封壁板多用于老屋工程，可省去重新批土、粉光所需花费的时间与金钱。

11_ 窗帘盒为窗帘上方凸起遮住轨道的部分。

12_ 踢脚板规划考虑工程收边与清扫问题。

13_ 油漆工程里的透明漆是常被遗忘的部分，有助于物件使用年限与清洁。

14_ 清洁费为工程完成后之必要支出费用。

15_ 工程管理费为总工程款的 5%～10%（仅供参考）。

合同内容重要项目

01_ 室内设计合同确认重点

通常在双方已就格局取得共识，委托设计师做进一步规划时才正式签订。签约时通常只附上平面图，等合同签订后，设计师再陆续出图。图纸包括立面、水电、灯光、柜体、空调、地板等，最少也要 20 张以上，有些设计公司为施工更精准，甚至出图到 70 张、80 张。不会只有平面配置、立面及透视图。

02_ 工程合同确认重点

在一般固定的工程承揽合同中，必须载明的有几项，依序为工程范围、工程期限、付款方式、工程变更、工程条约、工程验收、保修期以及其他事项，设计公司名称、负责人资料也须清楚载明才有保障。

工程施工合同

发包方：_____（以下简称甲方）
承包方：_____（以下简称乙方）
根据《中华人民共和国合同法》及其他有关法律、法规规定，结合工程实际情况，就_____工程施工承包给乙方的有关事宜，经协商一致，签订本合同，以资共同遵守。

第一条　工程概况
1. 工程名称：_____
2. 工程地点：_____
3. 工程承包方式：_____
4. 工程范围和内容：_____（详见预算）

第二条　工程期限
1. 本工程合同总工期为____天（从开工之日算起）
2. 本工程开工日期：____年__月__日，竣工日期____年__月__日。

第三条　工程合同总价
本工程合同总价为人民币_____元整（￥_____元），工程总价包含乙供材料费、安装费用、材料保管费用、搬运费用、安全保障设施费用、工伤保险费用等，乙方不得要求甲方支付非经甲方认可的其他费用。

附件内容有哪些？

除了主合同外，通常要再签附件，附件包含设计图及工程费用的细项、数量。此外，建材的内容规格及品牌，也可以列在契约附件中作为验收的依据。另外，屋主如果担心装修的建材可能是从别处拆卸下来的旧品或半新品，建议在合同中特别标注对新品的要求。

Lesson 5
你一定要了解的工程法规

详读室内外相关法款，避免违规白花冤枉钱

　　根据中华人民共和国住建部《家庭居室装饰装修管理试行办法》中的规定：房屋所有人、使用人对房屋进行装修之前，应当到房屋基层管理单位登记备案，到所在地街道办事处城管科办理开工审批。凡涉及拆改主体结构和明显加工荷载的，要经房管人员与装修户共同到房屋鉴定部门申办批准。（本页及下页内容根据法规条例所在地做了调整。——编者注）

登记备案须知

01 一般住宅装修

　　在进行室内装饰装修前，应向住宅所在地的物业管理单位及城建监察中队进行申报登记。须准备以下材料：（1）房屋装修申请表；（2）房屋所有权证，对于房屋使用人提出申请，还应提交所有权人同意装修的证明；（3）申请人和产权人身份证复印件；（4）房屋租赁的，应提交租赁合同。

02 大面积房屋装修

　　工程投资额在 30 万元以上且建筑面积在 300 m² 以上的房屋装修：建设单位应在开工前携有关材料前往城建监察中队申领《建筑工程施工许可证》。须准备以下材料：（1）《建筑工程施工许可证申请表》；（2）《工程规划许可证》；（3）《建设工程用地许可证》；（4）工程中标通知书；（5）有效的施工合同；（6）建设工程质量、安全监督手续；（7）按照规定应该委托监理的工程项目，提交监理委托合同；（8）工程资金证明或银行保函；（9）法律、行政法规规定的其他条件。

结构安全是建筑的基本要件，台湾多地震，有时会导致建筑物结构松动，在装修老屋时，更要注意结构上的问题。

图片提供／优士盟整合设计

室内装修重点须知

01 _ 拆除时不可拆梁柱及承重墙

梁、柱及承重墙对建物本身有支撑、承重的功能，基于安全上的考虑是不能任意破坏的。装修的房屋涉及改变房屋结构或明显加大符合荷载的，应提交房屋设计单位的设计图纸或专业部门对房屋整体安全论证结论，通过后方能动工。

摄影 _ 许嘉芬
台湾常见的顶楼加盖，基本上都属于违建。

02 _ 夹层或跃层，装修前需确认合法性

房子在最初申请建造许可时，若包含"夹层"结构体，就可装修夹层。否则任意装修、增减楼地板面积属于违法。如房主想增加夹层，须经具有相应资质等级的设计单位提供夹层设计方案并由原设计单位审核，向房产行政管理部门提出书面申请，经批准取得《房屋结构安全批准书》后方可施工。施工完毕后五日内，组织设计、施工、监理、业主等单位验收，并出具验收意见书，合格后方可进行后续的室内装饰装修施工。

03 _ 外立面装修需提前申请

外立面装饰、装修应到规划部门办理规划许可证，获得许可之后再动工。

户外法规篇重点须知

01 _ 顶楼加盖或整修须事先申请

住户需要向城市规划管理部门申请改建屋顶，申请报告包括以下几个部分：申请改建的原因、原屋顶状况、改建的屋顶工程图。私自改造属于违章建筑。

02 _ 加盖雨棚须业委会及物业书面同意，并符合建造规范

加盖雨棚须经过业委会及物业同意。另外，若雨棚高度高于1.2米则属于违建，须报规划部门审批。审批通过才能增建。

Lesson 6
认识基础工程

对工程项目流程，做全盘性了解

房龄超过 20 年的房子因为屋况老旧，水电管线、门窗、厨具、卫浴设备等大都不堪使用，需要全面更新，若没有充足的装修预算，很难改造到令人满意的程度，因此如何做好装修财务计划就很重要。除此之外，了解工程项目的基本内容，更能掌握装潢过程。

基础工程包含的项目

藏在空间架构里的"基础工程"是房屋装修的前置作业，装修前先检查整体屋况，解决房屋的受损状况，如虫蛀、漏水、壁癌、结构加固等，排除不必要的空间架构，如拆除老旧天花板、多余隔间墙或柜体等。接着再重新配置新的空间架构，从铝窗装设、隔间墙配置、电线回路安排，到水电管线设置，建立起空间框架的基础。之后进场的水泥工程，一是为了修饰埋在墙体里的各式管线，二是为了增强室内隔音、防震、防水等效果。基础工程工序可大略分成以下几个方面：

01 保护 & 拆除工程

所有装修前要做的重要工程，一是保护，适当的包壁包管，避免误伤到装修之外的其他地方；二是拆除，拆除工程最重要的就是要避免损坏结构墙、载重墙，拆除之前必须要先断水断电。

拆除工程进行的方式，通常可分为"一次性拆除"和"分批拆除"两种。

图片提供／优士盟整合设计

02 _ 水电工程

装潢前请装修队先检查水电管线是否老化，评估水电重铺的必要性。而厨房内的电器设备因为所用线径较粗，通常需要独立的配线以及无熔丝开关。

图片提供 / 优士盟整合设计

03 _ 水泥工程

水泥包含铺瓷砖、石材、水泥粉刷等，为了让沟缝材质能和墙面完美结合，贴完瓷砖隔天再进行抹缝。填缝时，地板与壁面都要注意防水性是否足够。

04 _ 铝门窗工程

铝门窗工程通常和水泥工程一起进行，施工分干式和湿式。干式工法常用于旧窗外框 不拆除而直接安装新窗户的情况；湿式工法则为一般铝门窗安装在墙面的方式，经过水泥填缝，隔音防水都较佳。

图片提供 / 优士盟整合设计

水电工程的项目包含：老屋全室冷热水管、全室电线抽换更新、卫浴安装工程等。

05 _ 地面工程

更换地面材质是旧屋翻新装潢工程中常见的项目，尤其是更换厨房地砖，或拆除原有架高木地板，想省钱也可避开拆地面，而是在原有地砖上铺上木地板。地板工程完成后，应做好保护防护措施，再进行后续工程。

老房子的预算重点放在基础工程

请记住维护住房的安全是首要重点，因此气密、隔音效果不佳的铝窗，势必要全部更新，将老旧隔间全部拆除也是很常见的，除非现有实墙结构在可加强的安全范围内，且不影响采光通风的动线格局，才有机会保留下来。

老旧水管容易有生锈和漏水问题，电线也不一定能负荷新式家电的用电量，这笔装修费用不可省略。因此预算重点要放在水泥与水电上。至于预算被压缩的收纳木工费用，可用系统家具或现成家具取代。

Lesson 7
搞懂设备工程

空调、卫浴与厨房设备的细节，常被遗漏，看报价单时不可忽略

　　屋龄超过 10 年的老房子，厨房及浴室的设备多已老旧，需要更新，而这些设备的费用差距也很大，国产及进口的价差会达数十倍，除非对质感或品牌有特定要求，建议设备连同空调，在花费上最少要占总预算的 25%。

空调工程包含的项目

　　空调的工程因素包含摆放位置、距主机远近、出风口、排水等。一般来说，老屋通常只预留了旧式的窗式开口，因此可趁全室拆除时，重新分配管线位置。

　　现在空调主要有"壁挂式"及"吊隐式"两种，在装修开始前，要先确认好空调机与主机的位置，以预留管线位置。壁挂式如果不做修饰，直接挂在墙面，容易有与室内风格不兼容的问题。吊隐式的优点为只留出风口，不会影响室内风格设计，但吊隐式空调安装得考虑室内机摆放位置、管线路径等，还要做天花板修饰，一般施工费用占设备费用的 40% ~ 50%。

空调设备的预估价格		
工程项目	价格	备注
窗式 < 分离式（壁挂）< 分离式（吊隐）< 中央空调	价格视机种及品牌而定	空调安装费用 壁挂式 1500 ~ 2000 元 / 台。吊隐式 2000 ~ 2500 元 / 台。
空调配管回路	500 ~ 600 元 / 回	/

注：以上表格中为参考数值，实际情况依个别案例状况有所调整。

厨具工程包含的项目

厨柜和内部五金收纳不断推陈出新，在收纳规划和厨柜使用上有各式不同的设计巧思，选择合适的设备和材质是最重要的，建议从以下几方面考虑：

01 厨柜形式

分吊柜、底柜和落地柜。一般收纳不常用且较重的器具时，建议放至底柜；较轻、使用频率高的物品应摆放于靠近柜门的地方。另考虑到日常操作的便利，吊柜多朝向更省力的设计发展，如广为人知的自动式或机械式升降柜，能省去取放吊柜物品的不便。

02 厨柜柜体

材质可分为木芯板、塑合板、不锈钢等。其中，不锈钢具有防水、防腐蚀的功能，坚固耐用，建议用于装置水槽的底柜。而木芯板和塑合板较容易受潮，一旦受损，容易滋生细菌和蟑螂，因此较适用于上方的吊柜，不易沾水。

图片提供／优士盟整合设计

03 开放式厨房

设计上为了配合整体风格，抽油烟机也被纳入居家空间中展示的一景，而抽油烟机的宽度最好比燃气灶宽一些。燃气灶宽度一般为70～75 cm，最好选择80～90 cm的抽油烟机。常见款式分为：

针对厨房使用需求，选择适合的抽油烟机，就能让下厨成为一种生活享受，而非浑身油烟的不便。

传统斜背式或平顶式	传统机型，排风力较强，但机具的厚度较厚，较占空间，考虑到厚度的问题，目前较少使用。
欧风倒T式	改良以往排烟力弱的缺点，设计出高速马达，马达转速越快，排油烟的力道越强。造型美观，适合搭配欧化厨具，常作为开放式厨房中的使用器具。材质多以不锈钢和铝合金为主。

厨具设备的预估价格		
工程项目	价格	备注
厨具设备	台面及门片 60～100 元／cm（台面及门片材质及尺寸不同而有差价）；三机及收纳五金则视品牌等级及数量而有价差。	台面及门片计算方式以厘米为单位；三机及收纳五金则视品牌不同而有不同，进口品牌较贵。

注：以上表格为参考数值，实际情况依个别案例状况有所调整。

卫浴工程

卫浴设备虽走向设计感、精致化的造型，仍要回归基本的实用性，材质、功能也是要考虑的重点。空间本身的条件，会决定使用的尺寸和材质，空间愈小，限制愈多，各个设备的尺寸更要慎重考虑。以下几点你需要知道：

01 浴缸面盆下底座支撑要牢固

上嵌和下嵌式两种不同的做法，会让面盆有不同的呈现效果。要注意配合石材台面，确定高度是否符合人体工学，以及防水收边的处理。上嵌、下嵌式脸盆的下底座支撑要牢固，避免事后掉落。尤其是下嵌式脸盆，由于下方通常悬空，施工时不可稍有闪失，以免日后造成意外。而独立式的面盆，以充满流线感的卵型面盆最具代表性。

02 排风设备施工原则

卫浴用排风设备从基础的风扇，到三合一排风机、多功能式干燥机、多功能照明设备＋排风暖风，单价从百元到万元不等；安装前务必检查浴室环境，有些机器本身高度将近 50 cm，但天花板只有 30 cm，就无法安装；出风口要接在外面，管道间要做好密闭处理，否则一氧化碳容易渗进室内并造成中毒。止风板的位置要确定，不可轻易拆除。

卫浴设计得好，加上设备辅助使用更舒适。

图片提供／优士盟整合设计

卫浴设备的预估价格		
工程项目	价格	备注
卫浴设备（马桶、洗手池、淋浴龙头、浴镜配备、淋浴拉门与排风机等）。	本土品牌约 10000 元（视实际采购的品牌及数量而定）；进口品牌至少 13000 元以上（视实际采购的品牌及数量而定）。	卫浴设备的单价不一，就算是进口产品也分欧洲、美国及日本等品牌，其价格都不同。

注：以上表格为参考数值，实际情况依个别案例状况有所调整。

Lesson 8
了解装饰工程

做足装饰工程，为室内门面把关

装修工程泛指任何在空间结构表面的工程，也可称装饰工程。完工后才可进行后续软件工程，如窗帘、家具等进场。

装饰工程包含的项目

结构安全、设备线路的基础工程完成后，木工进场，开始设置储物的收纳柜、轻隔间，封板将电线管路藏起来，以及设立门片。等表面饰底工程都完工后，就轮到天、地、壁装饰工程阶段。装饰工程工序可大略分成以下几方面：

01 玻璃工程

为防止被油漆沾附，通常最后才进行装设。玻璃具有穿透、反光的效果，适合当成隔间墙，或用在柜门、楼梯侧面等处。老屋翻新装修，预算主要花在基础工程上，玻璃工程的预算可降低。

02 木工工程

装修都会有木工工程，只是多寡而已，木工可以修饰空间格局，也能量身定制。木工工程是进入装修阶段的开始，施工范围包括天花板、柜体、隔间等。针对老屋在基础工程前段可能已经花掉大部分预算，因此木工上的花费，相对较少。倘若收纳柜不足，可用现成家具或系统柜取代，另外天花板可选择做局部天花板，甚至不做天花板以喷漆美化即可，以节省预算。

03 油漆&壁纸工程

等到所有工程都完成后才能进场，一般油漆工程包含天花板、壁面及木工柜面。油漆工

木工柜体注意事项

木柜做好后，若想在上面贴木皮，要注意纹路上下整片都要接合，纹路方向一致、切割比例对称，以避免不协调或拼凑情形出现。

图片提供／优士盟整合设计

程的估价方式多以平方数来计价，价格会依水泥漆、乳胶漆、环保漆，或品牌不同、施工工序的繁复程度而有差别，一般油漆施工多以"一底两面"来操作，连工带料一平方米 70 ~ 90 元；壁纸挑选重点除了风格，也应该依照空间使用特性，挑选容易清洁、耐刮磨、具有防水、阻燃、吸音等效果的素材，也可依照喜欢的空间气氛、需求尺寸，搭配出简单素雅或华丽高贵等空间情境。

图片提供 / 优士盟整合设计

传统木工范围包括"天花板、地板、墙壁"，几乎涵盖了室内装修的主要部分，有时木工的人工费用很可能比材料费还高。

04 _ 窗帘工程

进行窗帘工程前，应先让木工包覆空调管线、丈量窗户尺寸、挑选布料、锁定左右两侧支架，最后才安装窗帘。挑选窗帘多是在居家改造后段，如无法掌握对窗帘功能的需求，例如景观、西晒、噪声、隐私等，可以先观察光影在室内一天的变化，再做判断。不要"用风格来完成功能"，如果没有弄清楚装窗帘是为了什么，只专注于挑布料花色，就无法精准发挥窗帘的功效。

05 _ 清洁工程

装潢到尾声，新家大致成形，入住前的清洁工作必不可少。清洁工程步骤包含清除墙壁粉尘、清除天花板粉尘、吸除柜体粉尘、洗刷地面和清理柜体、铝门窗、刷洗阳台和庭院地面等。另外，专业装潢清洁人员通常会用机器处理，如商业用吸尘器、拖地机等非一般家庭清洁使用的电器，使用的清洁剂也不大相同，专业清洁剂通常都较家用强效，如有不慎也容易破坏装潢，有专业知识的清洁人员才可熟练操作。

图片提供 / 优士盟整合设计

入住新环境尽管迫不及待，但还是要注意天地壁柜的粉尘、残胶是否彻底清理，才能清爽又安心。

Lesson 9
避免日后纠纷的验收术

有效监工、确实验收，让装潢无纠纷

装修工程进行时，倘若前一项工程没有做好收尾，很可能会影响下个工程。当一项工程完成后，要扎实做好验收。另外验收时，手边要有平面图、立面图以及施工剖图等监工图，图纸上更应清楚标示施工范围点，如水电开关、插座位置与高度等，验收时才能比对实况。

罗列监工表格，照表操作防被坑

监工内容繁杂琐碎，包含拆除、砌砖、水泥粉刷、石材、瓷砖、卫浴、水工、壁纸、电工、木工、厨房、油漆、铝金、地毯、窗帘等工程，建议依装潢工序将表格整理罗列，再规划出每一个表格的重点。

项目	内容
保护与拆除	施工前防护措施是否完整、拆除时间点、工序等。
水工	排水系统、PVC管、新旧管接合、冷热水预留间距等。
电工	施工人员证件、施工图、保护措施、配线绕线、电路预留等。
水泥粉刷	水电管线、门窗框检查、水泥状态（品牌／型号确认）、垫高工程等。
石材工程	石材来源、破损瑕疵、纹路对花、防水收缝、支撑力、载重力等。
瓷砖&砌砖	水平与垂直、工序节奏、衔接工程、防水排水处理、水灰比例等／尺寸位置、满缝处理、事前防水事后清理、有无对称等。
木工	施工图是否确认、防潮措施、素材是否有瑕疵、素材规格等。
铝金工程	实物尺寸图形、门窗方向、表面检查、扣具零件、防水处理、伸缩边预留等。
轻钢架隔间	位置、开口、尺寸、钢材与结构、预留缝隙等。
窗帘	布样确认与尺寸、车缝线、锁轨道、防潮处理、地面防护等。

厨房工程	安装人员认证与安全认证、安装前管线径、排油管状态、尺寸、散热装置等。
卫浴工程	水电图确认、设备清点、进水状态、防水度、支撑力、收边等。
油漆与壁纸工程	有无油漆表、色号正确性、壁面状态、补土补缝、收边防护、染色剂等／墙面壁癌与平整度、施工前检查、胶料、防霉处理、出孔线、收边等。
地毯	收边、位置、平整度、布胶措施、是否贴合、防火标章等。

罗列验收表格，保障自身权益

验收文件	各式施工图、报价单、说明书、保修说明书等。
木工工程	各式施工图、报价单、说明书、保修说明书等。
涂装工程	披土平整性、瑕疵痕迹、打底工作、喷漆上腊、壁纸对花、缝隙等。
瓷砖工程	平整度、贴齐度、缝隙、缺角裂痕、是否有空心砖。
水电工程	确实核对管线图设计图、插座数目位置、安全设备、漏水情况、管道畅通等。
铝门窗工程	是否符合设计图、开关平顺度、隔音、尺寸确认、密合度等。
铝门窗工程	是否符合设计图、开关平顺度、隔音、尺寸确认、密合度等。
五金工程	抽屉抽拉平顺度、五金是否符合设计图、大门锁是否扣牢与最后更换点交。
窗帘工程	款式尺寸确认、平整性、装设是否有瑕疵、是否对花等。
其他工程	所有门窗开关是否平顺、防撞止滑工程是否彻底、材质填缝平整度、隔热防漏等。

合同中使用"验收通过"作为"尾款支付""逾期违约计算""保修"等条款的起算点。针对之前各项工程阶段初验不通过的部分，逐项检验进行总验收完成后，再付尾款。将付款条件和逐步验收通过结合在一起，避免双方对完工认知差异所衍生的争议。

CHAPTER

2

提升使用率的
原屋改造计划

应阶段性需求创造最舒适的生活空间

01 【育儿期】
共筑幸福生活舒心地

02 【转变期】
用设计巧思满足家的需要

03 【空巢期】
弹性调整预约舒适老后人生

04 【传承期】
家宅的重生与传承

育 儿 期

KID
ROOM

共筑幸福生活舒心地

迎接新成员，打造新家园的第一步

婚后二至三年内若有生育计划，可以开始以
小孩为生活中心，设计专属于新生儿的生活
空间，并为二、三胎做准备。

CASE
01

宽敞的空间不一定是全家人幸福居住的标准答案，跳脱面积的先天限制，透过贴心的设计，也能在都市丛林里拥有私人绿洲。

撰文 / Ellen Liu
设计团队 / 三俩三设计事务所

阳光、空气、水 满满幸福滋养的光合温室宅

运用采光调整格局，老公寓也能翻转出新生命

面 积	83 m²
房 龄	30 年
格 局	3 房 2 厅 1 卫
居住成员	2 大 1 小
装修耗时	5 个月
工程花费	40 万元

　　旅行的经验总是会带给人许多灵感，甚至改变对于生活中既定价值的定义或印象。一趟巴厘岛的蜜月旅行，让屋主二人对于什么是舒适生活有了新的意象。温暖的热带区域天然建材与户外大自然相呼应，模糊了室内室外的界线，让人自然而然地放松心情，和缓呼吸。

　　将这样的氛围带进位于台北士林的新家，并不是一件容易的事。仅有单面采光的老公寓，空间分割零碎，狭长阴暗，为了克服这些先天缺陷，将阳光跟绿意引进屋内，设计师恢复了前阳台原本外推的部分，并打造了连接阳台、四面透光的温室，将半户外空间延伸至室内区域，成为T形的采光带，使绿植自然地成为空间的背景。

　　媲美商业空间的工业风餐桌／吧台／收纳柜组合，让年轻的屋主不需要出门，就能邀朋友聚会小酌；附轮子的折叠餐桌可依使用需求调整，不影响狭长空间中的日常动线；考虑家中成员需求重新调配空间，让厨房从后阳台回归到原始位置，使得屋主有了好用的洗衣间和厨房，不执着于扩张室内空间，生活质量可以更好。

设 计 师 改 造 重 点	解决狭长空间隔间不良、采光不足的问题，同时满足屋主"空间内要有绿植"的期望，打造出 T 形采光带；并针对家庭成员的需求与未来生涯，整并原有的隔间，规划出有育儿游戏间的主卧室，同时预留儿童房，调整厨房及卫浴的位置和面积，提高使用率。

Before

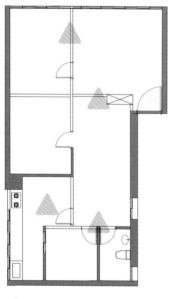

After

▲ 装潢改造

平面图细节对照

1　阳台内缩恢复原始格局位置，改善室内通风和采光。

2　客厅和游戏间中间规划玻璃温室，使光线和绿意延伸至屋内中后段。

3　扩大浴室空间，使其与儿童房墙面拉齐，并改变开门方向，减少畸零空间。

4　考虑小孩在上幼儿园以前皆与父母同睡，扩大主卧室与游戏房结合，增加使用弹性。

5　将厨房移回室内，使后阳台成为功能完整的洗衣间。

POINT 01 二手材料打造真正工业风

01

设计团队直接自港务仓储公司挑拣的旧松木条板，色泽质感都有真实的使用痕迹；为了增加结构强度，木料都以法兰片及不锈钢水管接合。由于在制作时设计团队打造这类型工业风的经验不多，组装时必须摸索如何稳定栓锁零件，是施工期间一大挑战。

02

03

POINT 02　是卧房也是孩子玩耍的房间

主卧室采用较水泥粉光更细致明亮的色彩，并做了天花板；房间前段的小孩游戏区，与客厅之间隔着三面玻璃墙的温室，可以接收到整面阳台的采光，整体空间氛围较宁静祥和，唯有书架还是由水管和旧木料制成，呼应空间整体风格。

POINT 03　立面设计改善细节

狭长空间使餐厅和卧室宽度不足，卧室门没有足够开门空间，如使用一般推拉门，会阻挡动线，改成滑门设计，解决这困扰。位于屋内公共空间端景的儿童房及浴室，则将墙面和门板做同漆色的隐形门片设计，使线条和色块较为单纯，视觉上更为简洁。

POINT 04　特制折叠餐桌解决动线瓶颈

由于餐厅的宽度不足，放置四人座餐桌必定会挤压到走道动线，影响活动流畅程度，设计师跳出现有家具的结构造型，量身打造伸缩折叠餐桌，能依据使用需求变化为两人或四人桌。用木板和水管打造的餐桌属于工业风餐柜的一部分，可伸缩的桌框和轮脚，使用者能轻松改变桌型。

POINT 05　整合收纳需求的多功能柜体

狭小空间收纳不易，过多的柜体也会造成压迫感。除了用悬吊的方式让视觉感受较为轻盈，多功能餐桌组合两侧的收纳柜也有满足玄关及一般家庭收纳需求的设计。靠近大门口为鞋柜，另一侧则有吊挂衣柜的功能。屋主有品酒小酌的兴趣，不锈钢水管特制的酒架，特殊的造型让主人的收藏成为视觉焦点。

04

05

05

CASE
02

重塑格局，增添新色，许给孩子更美好的未来

一砖一瓦，都是给孩子最美好的礼物

从儿子呱呱坠地开始，长辈们为夫妻准备的房子愈来愈不够用，于是针对孩子一切成长所需，重新安排家中房间的所有细节，在儿子上幼儿园之际，给他一份最好的礼物。

撰文 / Ellen Liu
设计团队 & 图片提供 / 一叶蓝朵设计

面　　积	92 m²
房　　龄	40 年
格　　局	2 房 2 厅 2 卫
居住成员	2 大 1 小
装修耗时	5 个月
工程花费	40 万元

　　这间位于台北精华区的 40 年老宅，是家中长辈原本准备给屋主夫妇的婚房，传统的格局虽然规划了较多房间，但公共区域显得狭隘，室内采光昏暗，而炉灶外移到阳台更造成晒衣时沾染油烟的困扰。在儿子即将上幼儿园之际，屋主夫妻俩决定给他一份礼物："一个可以在这里快乐成长、舒适生活的家。"

　　设计师首先将书房与客厅合二为一，成为宽广舒适的公共区域，让全家人都能在此活动娱乐；原本外推的阳台还原，改善狭窄阴暗的缺点，空间明亮开阔之余，还可增添植栽绿意，提高生活质量。客卫改变开口方向，并以斜切角处理，动线不仅顺畅，也避开马桶正对厨房的问题；炉灶移回室内厨房，通透的玻璃拉门，让父母下厨时也能同步照看着孩子。

　　另外也针对夫妻生活习惯调整了主卧的大小，改变卫浴的大小和开门方向，使主卧有功能完整衣柜，也不会感到压迫。为争取更宽广的空间，全屋都采用不占开门空间的滑门，加上活泼明亮度高的配色，用心打造让孩子快乐成长的温馨家居。

<table>
<tr><td>设 计 师
改 造 重 点</td><td>改善采光不足、空间狭窄的缺点，打通其中一间房纳入公共空间，缩回外推的阳台，并将大部分的门片改成通透的玻璃；迁回炉灶至厨房位置，解决功能不全及油烟沾染衣物问题；改善主卧室和卫浴空间比例及开门方向。</td></tr>
</table>

Before　　　　　　　　After

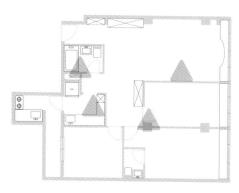

▲　装潢改造

平面图细节对照

1　打通原本书房，扩大公共空间，感觉更宽阔明亮。

2　恢复原本阳台，外推为真正的阳台，可以放置绿植，并可作为与户外绿地景观的延续。

3　恢复厨房炉灶位置，使厨房与工作阳台洗衣间功能完整。

4　改变次卧卫浴设备及开门的方向，解决马桶正对厨房的问题，斜角设计则不会一进大门就看到厕所。

5　主卧隔间墙往外推移 60 cm 作为衣柜使用，也让睡眠空间更加宽阔舒适，不再是放进一张双人床就充满压迫感。

6　主卧浴室改变开门方向，不再开门对床。

01

01 北欧风营造温馨居家

改造的初衷,是为了给上幼儿园的儿子一个良好的成长环境。因此以线条简单明亮的北欧风为设计核心,配以白色、浅木色、黄色、浅薄荷绿色营造立面缤纷端景,并缀以少量红色的家饰或家具,打造跳色对比,客厅主墙漆上黑板漆,能让小朋友尽情挥洒创意。

02 减少一房,活动空间更宽广

原本格局为了多一个房间,大大压缩客厅面积,屋主考虑到孩子小,需要多一些全家人互动的空间,反而不需要独立的阅读室,因此在几番考虑后,设计师直接拆掉书房的墙,并将客厅与阳台连接,一下子腾出了比原本大两倍的空间,创造出宽广且明亮的公共领域。

Before

02

03

04

POINT

03 顺应生活习惯改造厨房

原本的格局中，为尽可能应用空间，把厨房炉灶移到了后阳台，煮饭炒菜时，油烟味往往沾染到衣物。而厨房占据了后方对外窗，也使室内采光明显不足，因此设计师将燃气灶移回厨房，重新设计舒适的烹饪动线，墙面也使用女屋主最爱的六角花砖，给这里一个全新气象。

06

Before

04

调整隔间收纳功能更加倍

主卧室原本有狭窄、收纳不足的问题，在将原本墙面推出 60 cm 做出完整的衣柜空间，并将原本在结构柱一侧的门移到另一侧，顿时原本浪费的走道空间成了一个可收纳杂物的储藏室；在公共空间中留有一小部分独立区块，作为未来小朋友念书的书房区域。

拆解墙面打造开放餐厨区

原先昏暗的厨房，在开通墙面后，改为玻璃移门，成为
与公共区域相通的半开放空间，视野变得通透明亮，半
开放式的格局让屋主在烹饪的同时，也能兼顾小朋友的
活动。紧临厨房的餐桌也可以弹性成为孩子的阅读书桌，
再联结到客厅，全家人相处更紧密。

05

POINT
06 换个方向，生活动线畅行无阻

浴室厕所马桶对灶、对床、对大门，都是风水上的不良格局，趁大幅改造时做些变动就可以避开这些问题。主卧浴室改变开门方向，而原本面对厨房的厕所，则改变坐向，管线变动不大，却克服了风水问题，厨房多了可以使用的墙面；在靠近大门的部分大胆切出斜角，让卫浴门不对着大门或公共空间，顾及风水之余，还使进门后的视野开阔，动线流畅。

06

CASE
03

简单的风格，不简单的设计

调整餐桌位置，给孩子更多玩乐空间

面　积	132 m²
屋　龄	40 年
格　局	3 房 2 厅 2 卫
居住成员	2 大 2 小
装修耗时	6 个月
工程花费	80 万元（不含厨具

一个家，在不同阶段，需求也会因而产生变化。不再将就旧装潢格局，把家变成有机体，透过设计的创意把想象化为实际，就能打造可以随着孩子一起成长的屋子。

撰文 / Ellen Liu
设计团队 & 图片提供 / 非关设计

明明位于生活功能极佳的民生圆环（台北市社区名。——编者注），屋内却没有相应的舒适度。原本格局中，厨房设置在房屋里侧，不靠窗的结果是抽油烟机管线过长、效率不佳，吊隐式空调位置设计不良，也难以发挥正常功能，加上为了遮蔽梁和管线，使原本就不高的空间被全室天花板压得更低，让位于明亮高楼层的房子感觉窄小阴暗。

屋主最希望透过原屋改造，改良通风和采光，并坚持"不要弄得太复杂"。对这个原本被形容"乱"的空间，设计师的整顿方案是将厨房迁移到前阳台旁，而两间卫浴都与工作阳台相连，一次性解决通风采光排烟的问题。两间次卧因为两个孩子都很小，暂时并不需要各自独立的房间，所以打通成一大间，并设计三个可作为临时隔间的童趣造型大收纳柜，用以应对未来孩子成长。设计师将这个方案命名为 Minimalism。最精简的线条和低彩度少量色块，搭配水泥粉光墙面和磐多魔地板，在视觉呈现上也配合屋主极简主义的品位。

<table>
<tr>
<td>设 计 师
改 造 重 点</td>
<td>将厨房移至前阳台旁，重整卫浴及工作阳台位置，使得两间浴室都接邻工作阳台，都有自然通风及采光；微调三间卧室及储藏空间的尺寸，合并两间次卧为一大房，并保留各自房门，将来可用轻隔间或系统柜分隔成独立空间。</td>
</tr>
</table>

Before

After

 装潢改造

平面图细节对照

1　检查原始图纸，移动原本位于房屋内侧的厨房至前阳台旁，排烟风管长度大幅缩短，并且靠近工作阳台及浴室，方便整合排水管线。

2　重整两间浴室和工作阳台，使原本一套半的卫浴成为两套连接工作阳台的卫浴，更衣洗衣生活动线流畅。

3　两间次卧整合为一大间儿童游戏房，保留房门，日后可以隔成独立房间。

4　重整主卧和更衣间隔间，规划有效率收纳，减少畸零空间的浪费。

01

02

POINT 01 低彩度简约风格

为了实现屋主极简主义风格的品位，使用大量水泥粉光主墙，地面用的是无机中性色调的浅灰色磐多魔，并采用无缝地坪工法，除了操作要求技巧，老公寓地坪不平整也是挑战之一，施工过程繁复；其他家具、柜体也以低彩度、少线条的逻辑进行搭配，除了植栽点缀，整体呈现简约纯粹的视觉印象。

POINT 02 多功能儿童收纳柜

弹性空间设计的儿童房，最大的亮点是三座造型隔间柜，可收纳衣物书籍，也是活动隔间。鲜艳的色彩和几何积木造型有别于主要空间基调的成熟内敛，带有浓厚的童趣；其中一座双面书柜折叠起来是座城堡，打开是座楼梯，赋予家具多样的个性和功能。屋主对于建材的使用态度开放，愿意尝试新材料，因此柜体材质除采用无甲醛的爱乐可松木合板之外，还使用葡萄牙进口、可直接上漆的沃克板。

03

POINT 03 异材质搭配增添视觉变化

在极简低调的风格限度内，设计师仅用少部分的材质的原色搭配，赋予空间独一无二的个性。卧室与浴室门片都是上下分割设计，卧室是用白色美耐加上柚木 KD 实木皮，浴室则用白色美耐加上柚木美耐板及实木收边。而浴室地面采用复古水磨石砖，延伸到半墙高度，呼应门片线条。

03

CASE
04

空间重叠，精算每寸土地的改造奇迹

跟着一起长大的家！小住宅变身魔法

孩子愈来愈大，原本只为夫妻两人打造的小宅愈住愈挤，东西也愈堆愈多，在不换房的前提下，如何凭空创造足够使用的空间呢？

撰文 / Jeana Shih
设计团队 / 虫点子设计

面　　积	66 m²
房　　龄	7 年
格　　局	2 房1厅1卫
居住成员	2 大 2 宝宝
装修耗时	未提供
工程花费	未提供

　　这是一个房龄 7 年的房子，1 厅 2 房、66 m² 空间，对年轻小夫妻日常生活来说绰绰有余，但小孩出生后空间变得窄迫，各种伴随孩子而来的居家杂物也愈来愈多，因此有了重新规划空间的打算，找上了虫点子设计团队。

　　主持设计师毛毛虫勘查了整个空间后，发现房子里转角过多，特别是近中央处的厨房切断了动线与视觉，格局充满无形压迫感，让已经很狭隘的空间更紧绷。因此在不动梁柱的前提下，以餐厨空间开始改造，以一字形厨房设备取代原本的 L 形，并增加了长形中岛，放开了左右地坪后，餐厨区域瞬间变得开阔，使用动线也更顺畅。

　　自玄关延伸至前端窗户的超狭长地坪，原本全是客厅领域，但过窄的空间除了沙发电视，前后两端空间使用率并不高，餐厨中岛的重新设计连带让客厅得以修正面积，而客厅前端则做了原木卧榻串接了客厅与主卧，客、卧、餐、厨形成了有趣的回字动线，公共区域更大，视觉也更延伸。完工后不久，幸福甜蜜的一家三口又添了小宝宝。

<table>
<tr>
<td>

设 计 师
改 造 重 点

</td>
<td>

卡在中央的小厨房让客厅过于狭长，而厨房动线拥挤，因此调整了厨房的格局，以一字操作台＋餐桌放大整个餐厨区，考虑一家人收纳物繁多，因此沿窗边设计了整排功能卧榻，下方暗藏巨大收纳量，延伸至主卧则变成化妆台，一物多用展现极高使用率的设计手法。

</td>
</tr>
</table>

Before

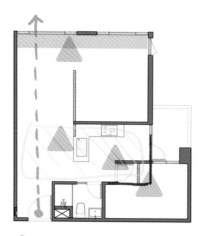

装潢改造

After

平面图细节对照

1　将外凸的房间改为内凹，让厨房格局更平整。

2　用一字形的厨具设备取代原本的L形，水槽部分作为中岛连接餐桌，打造餐厨区的回字动线。

3　大门玄关处作落尘区，强调进出的过渡区域，也界定出餐厨区。

4　客厅窗边打造卧榻坐椅区，提高长型客厅左右端的使用率，同时增加收纳，打造窗边的活动区。

5　主卧室做拉门弹性调节公私领域，床头以斜面天花包覆部分管线，让视觉向上延伸。房间内以拉门隔开衣物空间，让立面线条更简洁。

一字形厨具 + 中岛 烹饪动线更流畅

01

01

虽然 L 形厨具设备能集中动线，烹饪时较省力，但在小面积空间中只会显得狭窄拥挤，且收纳量低。设计师以厨具加上中岛 1+1 的方式，将设备功能均分，操作台更宽广，也扩充了瓶瓶罐罐的收纳量。

02

02 玄关水泥落尘区划定界限

进门处做了特殊水泥落尘区地坪，强调出空间界定，大门两边一边为鞋子收纳柜，全密闭式柜门收起所有杂乱，下方埋有间接照明，减轻存在感，虽然面积不大，但至少进门不会有任何压迫感。

03 打造回字动线

主空间若以"回"字构筑，中央处的电视墙就成了房子的核心领域，设计师以粗犷的清水模打造出主墙面，临窗处以拉门作区隔；电视墙的另一侧边包覆了整个厨房，整体看来庞大且未来感十足，成为有趣的端景，也是属于设计团队的绝妙巧思。

03

04

POINT

04 卧榻延伸到底一物多用

房子另一端是对外窗，沿着窗边串联的两个空间长轴线，设计出一条到底的卧榻，在客厅与卧室衔接处则利用高低差让线条有所弯折，做出分界，同时也定义两种截然不同的功能。木头拉门与局部透明玻璃隔间在中间地带无负担地阻隔空间，轻盈的通透感让视觉无限延展。

04

转 变 期

用设计巧思满足家的需要

孩子渐长 → 打造家庭成员的独处空间

孩子渐渐长大，或是爸爸妈妈渐把重心移向
事业，走入家庭转变期的每个家庭成员，都
比以往更重视独立空间，因此不论是安静的
书房、不受扰的工作房等，都是此时期规划
的重点。针对中小型面积的住宅，并不一定
有打造独立空间的余裕，但可以规划出共享
区域作为弹性使用的空间。

CASE
01

打开室内空间，让旧屋亮起来

厨房转向并将机能集中，空间不昏暗动线更顺畅

拥有 40 年房龄的老公房，经过设计师重整格局后，原本的晦暗一扫而空，室内注入饱满光线，生活动线变得更有秩序与流畅，家人的心也更紧紧相系。

撰文／余佩桦
设计团队 & 图片提供／穆丰空间设计有限公司

面　　积	106 m²
房　　龄	40 年
格　　局	3 房 2 厅 1 卫
居住成员	2 大 2 小
装修耗时	4 个月
工程花费	25 万～50 万元

　　屋主一家在这里生活了一段时日，承袭过去公房的格局，以实体墙区隔室内各个空间，空间看似被有效运用，但也因为隔墙的关系，阻挡了光线，让室内变得相当昏暗；各个小空间的位置安排也不尽理想，彼此无法连贯，使用与动线均不流畅。

　　随着家中两个小孩逐渐长大，旧有格局慢慢不敷使用，为了给一家人更好的生活空间，希望借由重新改造，改善现今的居住问题。首先设计者大胆地将厨房做了90度的位置转向，接着将餐厅与其紧邻，辅以开放式手法，让动线更加合理顺畅。客厅延续餐厨区的设计概念，辅以独立电视墙作为环境上的区隔，利于行走的动线，穿梭室内各处都很自在。而原本的餐厅区则改为储藏室，拥有足够的空间收纳一家四口的生活物品；有趣的是，设计者在与玄关衔接处做了一穿鞋区的设计，小房子配上地坪花砖，从一进门就很吸睛。

<table>
<tr><td>设 计 师
改造重点</td><td>由于厨房区拥有先天的向阳优势，于是设计者大胆尝试将位置做了调整，不仅转了 90 度，同时也将空间打开，在彻底少了实体墙的阻碍后，让整个厨房及其他厅区都变得很明亮。再者也将功能集中，一改过去动线凌乱、使用不便的情况。</td></tr>
</table>

Before

装潢改造

After

平面图细节对照

1　将厨房位置做了转向，并辅以开放式手法，使得空间变得很通透明亮。

2　厨房相关的电器柜就配置在厨房的邻侧，便于主人备料时食物的拿取或操作使用。

3　餐厅配置在厨房旁，使用动线变得合理流畅，主人也能观看到小孩的一举一动。

4　客厅电视墙改以独立柜体呈现，既不让环境变得局促，行走也很流畅。

5　原餐厅区改为储藏室，足以收放一家四口重要的各式生活物品。

6　利用空间在储藏室外侧做了一个穿鞋椅区，让小空间同时拥有双重功能。

POINT 01 开放式格局活化老宅

过去的空间多以实体墙来做划分，使得室内昏暗，于是在本次装修上便改以开放式手法来呈现，经调整后空间变得通透明亮，此外设计者也透过白色、蒂凡尼蓝等做颜色上的交织，清新的用色，成功地让老宅亮了起来。

POINT 02 独立矮柜弱化梁下压力

公房的室内层高通常不高，且又容易遇大横梁经过，于是设计者选择不包梁方式来应对天花板设计，除了辅以开放式手法外，就连电视墙也以独立矮柜呈现，既不阻碍光线入室，行走动线也很流畅。

POINT 03 依动线挪动餐厅位置

餐厅原本位于现在的储藏区一带，但是这样的格局配置在使用上相当不方便，做完饭后必须绕一大段路才能将饭菜送上餐桌，于是趁此次装潢便调整了位置，移至厨房旁边，如此一来使用时变得更合理与方便。对侧则是家电柜、展示柜，使用时也很便利。

01

02

03

04

POINT 04 花砖设计更显温暖

厨房转向后，呈现 L 形，此外过去封闭的隔墙也被打开，让主人能在舒服、明亮且通透的环境下做菜。为了让视觉更跳跃，地坪搭配了花砖，增添变化之余，这种材质也很利于厨房的清洁与保养。

POINT 05 储藏室为未来做准备

由于屋主家的小孩还在成长阶段，未来仍将有许多因过渡期衍生出来的物品，为了满足一家人的生活需求，有效收纳物品，特别在玄关旁规划了储藏室，用来摆放各种物品。还特别设计了穿鞋椅区，出门穿鞋更便利，让此处实现了多项功能。

05

POINT 06 主卧旁应需求增加卫浴设备

该住宅原本只有一套卫浴，但设计师考虑到一家四口的使用，利用空间在主卧旁规划了一个半套的卫浴空间，必须透过窗下的小拉门进去。由于空间有限，仅配置了马桶与洗手台，看似简易，但也能化解多人的使用需求；因配置在主卧室内，担心日后清洁时需要刷洗，在墙面、地面均铺设瓷砖，不影响日后的使用。

CASE

02

重新整合，让小空间不再零零散散

格局经过有意义的整并，找回应有的尺度与明亮感

在了解使用者人口数与需求后，设计者将过于破碎的格局做了整合，并清楚区分出公私领域，找回小空间应有的使用性与明亮感。

文／余佩桦
摄影／Amily
设计团队＆图片提供／游玉玲

面　　积	40~43 m²
房　　龄	约 30 年
格　　局	3 房 2 厅 1 卫
居住成员	2 大 2 小
装修耗时	2 ~ 3 个月
工程花费	50 万元
	（2 楼全室）

　　屋主一家人在这里生活了很长时间，随着小孩日渐成长，原本的空间规划早已不符合当下的使用需求。再者房龄很长，屋中的壁癌问题不断，于是选择重新翻修，改善屋况，也赋予家人更好的生活环境。

　　设计师游玉玲发现，原空间在过度切割下，未能发挥该有的使用效益，连带动线不流畅。于是在了解使用人口数与需求后，先打通空间，接着将格局做了有意义的整合，成功地区分出公私领域，让小格局的使用性能更加完善。因格局偏狭长，挪动部分格局位置后，将中间段作为公领域，把客厅、餐厅、厨房、卫浴整合在一块，至于两侧则为私领域，为主卧与儿童房、书桌区等，如此一来，成功消弭空间的狭长感，使用起来也能更无拘无束且舒适。由于面积不大，游玉玲利用了"使用率让渡"概念，将走道化作为空间的一部分，如客厅、书房区等，空间更充裕，同时也做到了彻底使用空间的每一处。

设 计 师 改造重点	原本的格局较为破碎，该有的功能都有，却无法让一家人真正凝聚在一起，于是通过开放式手法重新规划了空间，做最简单的切割，清楚区分公私领域，使整体不再零散；另外，也善用重叠概念，让功能重叠于同一空间中，有效利用空间的每一处，生活使用亦不受影响。

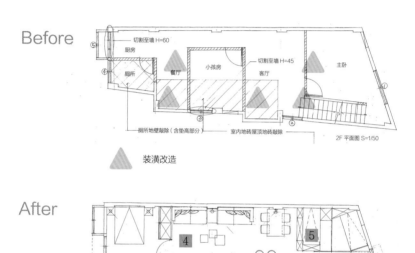

Before

After

平面图细节对照

1　原空间切割过于零碎，经重新调整后，中间段作为公领域、两侧则为私领域，使得整体不再零零散散。

2　厨房与原客厅位置对调，如此一来能顺利衔接餐厅，使用上也变得更方便。

3　卫浴间数量不变，根据功能各自独立，就算多人共同使用也不用担心受到干扰。

4　将走道化为空间的一部分，并善用交叠概念，让使用环境变得更为充裕。

5　有意义地在各个空间配置所需的置物功能，收纳变得更有序，生活也能更便利。

01

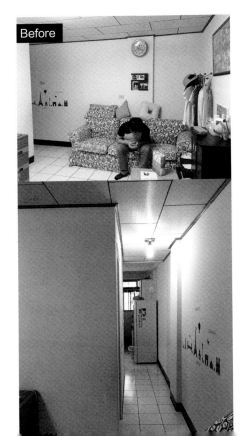

Before

POINT 01　过道整并，面积更充裕

设计者在打开原空间的实体墙后，加入"使用率让渡"概念，即将过道区域整并为客厅、餐厅环境的一部分，如此一来使用率变得更充裕，也成为屋主一家人凝聚的重要场域。

02

POINT
02 **调整烹饪动线，强化使用功能**

调整过后的厨房，改为开放式，自 L 形厨柜延伸出
一道吧台，赋予主人明亮、功能齐全的操作空间。
另外，设计者又在厨柜与玄关紧邻侧设计出玄关柜，
再一次借由交叠方式创造更多的使用功能。

Before

POINT 03　开放式书墙增大收纳量

在有限空间下，设计者选择将部分功能释放
于卧室外，在走道空间中加一道书墙，并利
用下掀式五金搭配门片，变出书桌功能，善
用柜体、五金成功克服小环境的不足。

POINT 04　立体设计增加空间利用率

为了让两个小孩有自己独立的空间，在书房
对侧配置了两间儿童房，并选择将床铺配置
于上方,下方则为衣柜空间,收纳区块更完整,
空间立面更干净。

03

04

POINT
05 活动设计有巧思

设计者在通往3楼露台、晒衣间处做了一个小卧榻空间，以提升使用功能。由于该处有变电箱，先是利用门片做了修饰，下方又通过五金设计了烫衣板，有效运用空间。另外，设计者把通往3楼的墙面做成了展示墙，让屋主可摆放一家人照片、纪念画等，成为独一无二的生活风格墙。

POINT
06 独立浴厕增机能

在有限空间下无法再多配置一套卫浴，于是设计者选择将卫浴空间的功能——沐浴区、洗手台、厕所各自独立开来，这样使用时不会受到干扰，也有利于各个功能的环境维护。

06

07

收纳功能埋入墙面

住宅两侧为私人空间。其中一侧为主卧室，由于层高仅 2.75 米，设计者尽可能让空间回归单纯，将收纳功能沿墙而生，找回空间应有的舒适尺度。

CASE
03

重整动线串联情感，创造日光穿梭

一物多用，共享绿景发挥超大坪效

因为孩子长大、空间不敷使
用，而重新改造居住了15
年的房子，借由几道隔间的
微调，整理出三条并排的长
轴线，不仅仅创造了光线穿
梭、绿意共享，也牵系着一
家四人的亲密情感。

撰文 / Patrisha
设计团队＆图片提供 / 日作设计

面　　积	80 m²	
房　　龄	15 年	
格　　局	3 房 2 厅 1 卫	
居住成员	2 大 2 小	
装修耗时	4 ~ 5 个月	
工程花费	70 万元	

　　屋主黄先生一家四口在这间 80 m² 的房子里已住了 15 年，随着孩子逐渐长大，夫妻俩深感空间功能的不足，也想过直接换房，可是现居地的生活功能相当方便，面临河岸的景观条件也是难能可贵，于是两人决定重新装潢来改变生活！日作设计分析现有屋况问题：客厅小，采光也无所发挥，厨房和收纳空间也不够。因此将改造重点放在整顿格局、动线，创造小而美且温馨的互动与氛围。

　　依据平面配置，设计师理出三条并排长轴线，主卧至客厅、餐厅到厨房、儿童房到餐厅。这三条轴线既是动线也是视线，中间更借由短向 90 度连接的动线，塑造出两个主要的环状动线。当视野的尽头是窗户或是出口，空间感自然被放大。透过动线的调整，把家人与空间的关系相互联结，也产生"分而不隔、隔而不离"的生活样貌。不仅如此，原始阳台结构柱与窗户之间用不到的区块设计师也改造成为长型小花园，从厨房延伸至儿童房，创造共享绿景的概念，同时利用这道角窗规划推射窗，自然形成有如导风板的功能，为室内带入良好的通风。

<table>
<tr><td>设 计 师
改 造 重 点</td><td>80 m² 的格局首要解决通风与采光，并创造生活功能。重新拉出三条光与
动线的轴线，产生便利的动线，让原本亲密的亲子关系更进一步之外，也
贯穿了风与采光。儿童房角窗的推射窗将后阳台的风引入屋内，同时塑造
了室内绿意景致。</td></tr>
</table>

Before

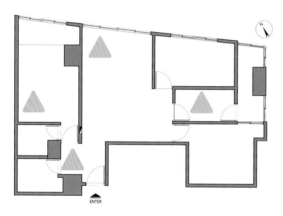

After

 装潢改造

平面图细节对照

1 将原本既有隔屏柜拆除，利用
老挝桧木拉门作为卫浴区的缓
冲，解决风水问题也令玄关变
得宽敞。

2 客厅隔间稍微放大些，并运用
梯形窗面打造坐榻，兼具收纳
之外，也揽进自然美景。

3 厨房位置不变，取消隔间，冰
箱挪至餐厅区，与后阳台之间
的门也舍弃，让视野获得延伸
放大。

4 舍弃主卧卫浴的配置，变更为
365 天都能使用的储藏室，对
一家四口来说更实用。

01

POINT 01　重新整合空间

利用墙面的退缩处理，创造出不占空间的钢琴区，梯形窗面以坐榻方式处理，多了休憩阅读的角落，也增加收纳。此外，电视墙采用滑门形式整合书柜，让生活绝大多数时候被阅读所包围，特意拉出斜面的天花板，令空间有透视感与动感。

02

POINT 02　依需求造动线

餐厅至厨房、儿童房重新规划出两条长轴线，放大视野之外也创造光线的自由穿梭，中岛吧台右侧下隐藏了电器收纳功能，也能暂时放置煮好的菜肴。

03

POINT 03　调整设备尺寸

保留原始厨房位置，利用拆除隔间、冰箱挪至餐厅区域，扩增了操作台面的尺寸，使用起来更方便舒适，将冰箱移出也缩短了客餐厅拿取的动线。

05

POINT
04 畸零角共享花园绿意

舍弃后阳台与厨房之间的门,并利用结构柱与
窗户之间的畸零角落创造室内小花园,从儿童
房的角窗也能共享这面绿意。

POINT
05 微调地面高度更便利

主卧室内既有的结构柱体,衍生为左侧开放层
架、计算机区,以及梳妆功能,达到一物多用
的效果。主卧室同样运用架高设计与客厅坐榻
一致高度,坐在窗边时就能直接眺望河岸美景,
孩子们偶尔也能和爸妈们腻在一起。

双面盆放大实际使用率

取消主卧卫浴，原始一间卫浴变更为双面盆设计，将马桶独立于左侧，
让生活作息相同的一家四口盥洗更方便，卫浴门片、天花板选用老挝
桧木，自然舒适的木质清香味予人治愈放松感。

06

空巢期

why
the
hell
not

弹性调整预约舒适老后人生

儿女各自成家 → 老年夫妻相伴的生活环境

当孩子长大了各自成家，剩下父母守着空巢般
的房子，就是所谓的"空巢期"。这时候家里
闲置的空间，可以做更有效的安排，比如规划
交谊厅，满足老友聚会小酌的需要；身体功能
慢慢退化，增加辅助设施；儿女偶尔回来团聚
的简单住所等。善用空间创造功能，也能让老
后人生更多采多姿。

CASE
01

房子住久了，东西只会愈来
愈多，室内愈来愈拥挤，但
只要做好空间断舍离，不需
要换房，就能拥有更大更有
弹性的使用率。

撰文 / 施文珍
设计团队 & 图片提供 / 构设计

聪明转身，给家一个全新面貌

舍弃墙面，释放光线，意外得到舒适大空间

面　积	50 m²
房　龄	15 ~ 20 年
格　局	3 房 2 厅 1 卫
居住成员	2 人
装修耗时	3 个月
工程花费	30 万元

　　"只想有个新环境！"屋主夫妻在这套房子里一住十多年，虽然目前只有两人居住，但偶尔儿子、女儿携家带眷探访，原本的格局早就不敷使用，仅50 m² 的空间总是感到拥挤。本来夫妻俩打算另外购房，换个宽敞的新环境，然而几番考虑，设计师评估："现在的住处如果重新翻新整修，对于夫妻俩是够用的！"因此决定重新翻修。

　　在沟通过程中，屋主希望能拥有"明亮采光""有多余卧室空间""功能俱全的厨房"这三大需求。在有限的空间里，乍听之下几乎是不可能的任务，然而设计师以能表现空间清透且舒适的湛蓝色为主色，将电视墙面当作空间主视觉呈现，再调和白灰色阶，抓出轻重配比；格局则做了大幅调整，厨房、客厅动线适时地划分空间配置，并用高低差的畸零空间，腾出一间客房小阁楼，原本仅有 50 m² 的空间，竟也能有 3 房 2 厅的规模，打造出宽敞新居所。

<table>
<tr><td>设 计 师
改 造 重 点</td><td>将原有格局打破，客房退缩，以玻璃门＋窗帘取代墙面，保有原功能。只要关上玻璃门、拉下窗帘，来访亲友便拥有一间独立客房；沿着电视墙后方小楼梯往上，是主卧更衣室上方的畸零空间，经过设计后，成为家中一个人的安静角落或孩子们的游乐空间。</td></tr>
</table>

Before

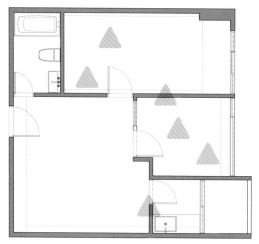

 装潢改造

After

平面图细节对照

1　拆除原本厨房的两面墙，引入阳台光线，让餐厨成为开放空间。

2　拆除客房墙面，客房退缩，墙面做成收纳墙。

3　客房水泥墙改为落地式拉门，让光线进入客厅。

4　客房内设计成有架高地板的"和式"空间，减少家具桌椅。

5　主卧增建更衣室，上方隔出可容纳一人坐卧的小阁楼。

6　电视墙后面增设阶梯，增加收纳。

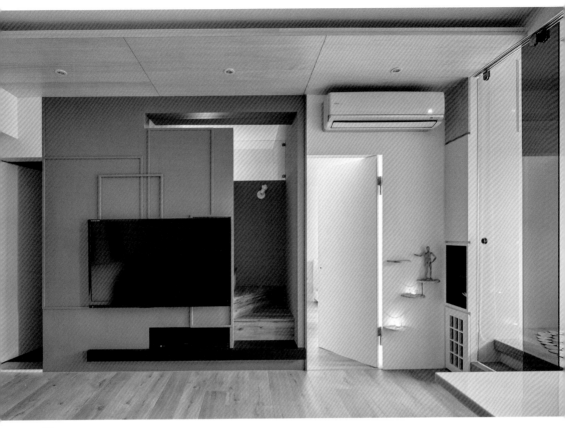

01

POINT 01 调整主卧内外空间

主卧室门更改开口方向，并设计成隐形门，让视觉集中在蓝色电视墙，房门另一侧与客房垂直的 L 形区域内嵌收纳，搭配建置为宠物猫咪跳台，加上便盆收纳，成为猫咪简易的活动空间。主卧室空间略减，以小型更衣室取代实际柜体，并增加照明，衣物收纳量倍增，且好收好拿。

02

03

02 缩减客房并增加魔术大收纳

客房退缩，以玻璃平移门取代水泥墙，让自然光能延伸至客厅，房间内架高地板拉出高低差，地板下做上掀式收纳柜，增加收纳。客房卧榻选用超耐磨木地板材质，搭配梧桐木皮壁柜，可坐可卧更能储藏，极具功能性。

03 强化收纳，从地上偷取空间

客房先以架高两阶的方式做出地坪的空间层次，地坪可增加隐形收纳，侧边包覆大梁，加厚成为双开口式橱柜。两踏阶形成 40 cm 深的地坪收纳，侧边厚度 20~30 cm。先缩减客房大小，后提升使用率，就能在不减空间的使用下，瞬间释放出客厅规模。

POINT
04 电视墙面内含隐形空间

湛蓝色的电视主墙侧做了隐形门，为上方小隔间的入口。设计师以梧桐木皮打造旋转式阶梯，每一踏阶暗藏抽屉柜。一墙两面式的设计，在客厅中是电视墙，侧面拾级而上创造出另一个可供坐卧的小空间。

POINT
05 拆除墙面，空间重新整合

原本房子中厨房为封闭式设计，不仅空间局促，用餐区极为狭小，光线也进不来。封闭的厨房打通墙面后，光线瞬间释放，提升客厅明亮度，考虑平日家中仅屋主夫妻两人，餐桌以简约的中岛吧台为主。单面靠窗的格局，本来就容易有采光不充足的问题，在客房退缩改为玻璃门隔间，加上餐厨区改为开放式格局后，客厅空间瞬间明亮，公共区域也显得更宽敞。

04

05

CASE
02

就算日后步入退休生活，居家设计也早先一步做好因应

重生改造，让生活空间更贴近使用需求

一起生活的两姊妹，将此作为日后的退休房，设计上依据两人的需求做规划与调整，无论未来生活如何变化，都贴近理想与自在。

撰文／余佩桦
设计团队 & 图片提供／ 穆丰空间设计有限公司

面　　积	83 m²
房　　龄	15 年
格　　局	3 房 2 厅 2 卫
居住成员	2 大人
装修耗时	3 个月
工程花费	25 万 ~ 50 万元

　　这是间房龄已有 15 年的房子，随着年月已久建筑结构开始出现老化，连带产生漏水问题，对两姐妹而言是很大的困扰；再者，原先的格局配置对两人实际的生活也不敷使用，甚至产生出一些风水上的问题。于是两姐妹决定，既然接下来将一起生活，何不重新装修一番，居住上能变得更舒适。等到步入退休生活，也提前做足了准备，无须日后再来烦恼。

　　在屋主最担心的风水问题部分，设计师以调整客卫出入口方向来应对，如此一来连同厨房、主卧等出入口均整合在一块，也改善风水问题；另外，在入口有所谓的"穿堂煞"问题，加了一道屏风后，做了巧妙的化解。为了让收纳功能变得更有效率，在各个空间均配置了专属的收纳柜，依据该空间来做物品的摆放，让空间常保整齐；至于两人较大的鞋柜需求，设计师加入了旋转鞋架来应对，足以放上 100 双鞋，也能有条理地做分配摆放。卧室空间未更改过多，仅将其中一间房改作书房，无论是上网、阅读、做手工都很适合。

将客卫出入口方向做了调整，与厨房、主卧门整合在一起，巧妙改善风水问题。过去收纳量不足的问题，也依据各个空间配置适合的柜体，让两姐妹的生活更为舒适。比如在玄关加了顶天的鞋柜，餐厨区之间也加了电器柜，够分量的空间足以摆入两人所需的鞋子与家电用品。

Before

 装潢改造

After

平面图细节对照

1　自玄关进入室内便有"穿堂煞"的情况，于是设计者在玄关处加了一道屏风，巧妙化解风水问题。

2　玄关处加了顶天的鞋柜，为了能摆下姐妹俩两百双鞋的需求，内部使用了旋转鞋架，量再多也不怕。

3　客厅保留大面窗设计，天花板也不加包梁处理，整体看起来更宽阔明亮。

4　餐厅区附近刚好有横梁经过，设计师特别在墙面上做斜角修饰，不会有空间压迫感。

5　其中一房改为书房，以层板作为开放式书柜，下方则运用了冲孔板作收纳之用。

01

02

POINT
01 以屏风区隔场域

打开大门走进玄关，最先看到蓝白交织而成的屏风，清楚区隔出内外领域，也巧妙化解穿堂煞问题。门口旁的穿鞋椅延伸出玄关柜与鞋柜，玄关柜结合不同形式，利于放纳各种不同生活小物，至于鞋柜则在其中加入了旋转鞋架，丰富的收纳功能满足姐妹俩生活的实际需求。

POINT
02 引光入室

客厅保留原有的大面落地窗，此外也在环境里引入木元素，从光线到材质，增添温度。为了让空间多些变化，选以浅蓝色电视主墙，搭配地面蓝色格纹线条的地毯，在简约中多了一份色彩魅力。

POINT 03　修饰斜角增收纳

餐厅上方正好有一道大横梁经过，为了不让人感到压迫，适度地在衔接墙面上做了斜角修饰，并增添了柜体，一部分开放、一部分封闭，既能将各自的收藏展示出来，也能将餐厅区会用到的生活物品做有秩序的分放。

POINT 04　出入口转向添功能

此区原客卫出入口位置会产生风水上的问题，于是设计者将其出入口位置做了转向，并连同厨房、卧室门全整合在同一水平轴线上，一来能化解风水困扰，二来也能让整体更显干净利落。

03

04

05

06

05 以吊杆扩充收纳

床头墙面刷上了藕合色，一旁的窗帘也是搭配淡紫色系，相同基调组合在一起，凸显空间清新之余还多了份优雅感。考虑到日后生活所需，衣柜有别于过去常见的设计，改以吊杆来做配置，足够放入相关的衣物量，也利于穿搭选择时的寻找；上方同样保留了一些空间，可用来收纳换季棉被等物品。

06 开放设计活用空间

将其中一房改为书房。为了不显局促，书房壁面以木纹层板搭配铁件，创造出开放式书柜，让书籍、收藏可转化为妆点空间的设计元素；下方则搭配了紫色系的冲孔板，可挂上完成的手工作品或是作收纳之用。空间另一隅则摆放了一张水蓝色调的主人椅与低矮茶几，让屋主能在此自在地阅读。

CASE
03

住屋蜕变，迎接人生下半场

微调场域格局，让「家」与家人共同成长！

大女儿留学，家中多了些闲置空间；小儿子渐渐长大，想给他更宽阔的区域；加上夫妻俩开始规划退休人生，打算改造房子的那一刻，全家人的生活也经历全新蜕变。

撰文 / Jeana Shih
设计团队 & 图片提供 / 奇典设计

面 积	70 m²
房 龄	40 年
格 局	3房1厅1卫
居住成员	2大2小
装修耗时	1～3个月
工程花费	25万～50万元

40 年的老屋在改装前格局和现在并没有太大差别，70 m² 的房子只有前后采光。当时为了让一双儿女都能有独立的生活空间，于是把前头光线最好的空间隔成了两个房间，客厅只能依赖灯光照明，主要生活的公领域不仅不够宽广，也经常显得昏暗。

设计师着眼于大女儿留学后居住频率不高，于是用两道横拉门将女儿房面积缩减，隔成与客厅相连的多功能娱乐室，女儿偶尔回来，拉门拉起也能成为独立住所，儿子原本的房间则调整成带有更衣室的主卧室，更衣室两边皆有拉门，能共同收纳女儿、夫妻的衣物。

后端主卧为儿子的房间，设计师将房间与厨房调换了位置，居于角落的卧室让儿子能安静读书，同时拥有一小个收纳藏书、衣物的空间；厨房居中，以 L 形操作台取代水泥墙隔间，紧邻餐桌成为半开放餐厅区。

如此设计让原本偏长的屋型加强了前后采光，室内更为通透，小幅调整后客厅着实显得宽敞舒适，而私人空间加加减减之后也适得其所，满足了每个家庭成员的需要。

<table>
<tr>
<td>

设 计 师
改 造 重 点

</td>
<td>

主卧、多功能室与客厅三个区域以拉门相隔，大大省下门片开合所需的旋转面积。而主卧内同样以拉门打造小型更衣室，夫妻、女儿共享，使用弹性更大。原本狭长的厨房挪移后打掉墙面与客厅相通，充分享受边做饭边聊天的愉快生活。

</td>
</tr>
</table>

Before

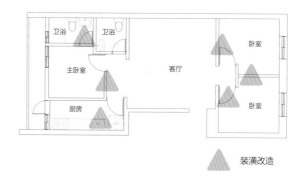

装潢改造

After

平面图细节对照

1　女儿房间与客厅相连的墙面移除，以拉门取代，改造成半开放的多功能空间。

2　主卧与女儿房相连的部分墙面移除，作为更衣室，前后拉门能使家人共享空间。

3　主卧房间扩大，同时将对外房门改成拉门，增加房间内外使用率，常保开启更能释放光线。

4　原本两个浴室过于狭小仅有淋浴间，改为一间有浴缸的卫浴，洗手台区能独立使用，增加使用率。

5　厨房与客厅相连的墙面移除，以操作台区隔，连接餐桌成为宽敞通透的餐厨空间。

6　加宽原本狭长的空间，次卧室格局更为方正，前方畸零地成为书本物品收纳区，空间零浪费。

01

POINT
01 卧室改为多功能娱乐室

由于女儿留学，房间长期闲置，所以设计师将房间规划成多功能娱乐室，半开放空间紧连客厅，平时作为休闲活动、弹奏乐器的场所，也等同于客厅的一部分，能更有效地运用；拉门拉起就是独立房间，保留原本卧室的功能。

02

POINT
02 **两边房间拉门释放光线**

偏狭长的屋型中，仅有前后较窄端的两面采光，而前端采光处
正好为两间卧室，完全阻挡客厅的光线，空间经常昏暗。设计
师移除了墙面，以拉门作为区隔，其中一个房间改为半开放的
多功能娱乐室，平时保持开启就能透进大量光线，客厅自然显
得宽阔。

POINT
03 横拉门隔间大大提高使用率

主卧室由原本的客房改造而成，除了将对外房门改成拉门以减少门片的旋转面积外，也拆除了原本与隔壁房间相邻的墙面，改成小型更衣间，借此收纳大量衣物。拉门相隔，能在视线上遮蔽各种杂物，让空间显得简单纯粹。两边都设拉门的更衣室，也能让女儿共享，收纳能力更强。主卧内则以低调内敛的灰色软装，衬托温煦的木质素材，用简约的设计营造舒适自在的睡眠氛围。

POINT
04 冷暖色堆叠打造舒适居家

客厅电视墙以用嫩绿色涂装，呼应自然采光，让空间色彩更饱满，也能呈现更活泼有生气的氛围。沙发背墙结合文化石砌叠，展现北欧风的自在本质。半开放式的厨房连接着餐桌，更串联了客厅，打造出一家人共同享用佳肴美食，同时享受影音娱乐的快乐生活动线。

03

04

CASE
04

30 年老屋变身老龄乐活好宅

结合社交、无障碍扶手，献给妈妈的幸福提案

因为念旧，屋主周妈妈舍不得搬家，离开习惯的生活圈。孝顺的子女决定帮妈妈改造老屋，负责规划的日作设计将其定位为老龄住宅，让周妈妈能持续在此度过老后的生活。

撰文 / Patrisha
设计团队 & 图片提供 / 日作设计

面　积	72 m²
房　龄	30 年
格　局	1 房 1 厅
居住成员	1 人
装修耗时	83 天
工程花费	77 万元

　　屋主周妈妈从结婚后就一直住在这个房子里，随着儿女成家立业，因为习惯周围生活环境，以及考虑街坊邻居间的感情，即便儿女们准备好市区的新居，周妈妈仍想要留下来住。为此，儿女们决定帮妈妈重新整顿一楼空间。负责规划的设计师便以老龄住宅为定位，除了调整格局改善当地湿冷环境，也必须解决阴暗、通风问题，另外还得为周妈妈考虑无障碍、居家安全、与邻里间的社交活动，等等。

　　于是，空间拉出几个主要区块，分别是社交区、睡眠区、起居室、洗晒区，每个区域之间利用拉门区隔，达到公私领域的弹性划分。玄关进来后，有别于一般客餐厅的设置，利用大餐桌配中岛的形式，塑造出客厅、餐厅及厨房的多元状态，成为周妈妈和朋友们的交谊场所，开心分享美食、唱歌。也因为经常需要接待友人，设计师特别将卫浴稍微往前挪，介于公、私区域之间，双动线规划使用更便利。而睡眠区旁的起居室，除了创造出日式住宅缘侧的效果，让周妈妈能在此享受日光浴，也是孙女返台后陪伴奶奶的弹性客房。

<table>
<tr><td>设 计 师
改 造 重 点</td><td>以屋主周妈妈未来老后的舒适生活为主轴，格局配置不只为让周妈妈一个人舒适生活，平常也能邀请街坊邻居唱歌、吃饭。在设备与材料的使用上，加入更多细心贴心的安排，除了基本的无障碍地坪设计，浴室、卧室地暖设备保持双脚的温暖，电热炉、电热水器的选配也提升年长者在居住上的安全性。</td></tr>
</table>

Before

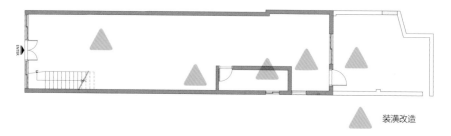

▲ 装潢改造

After

平面图细节对照

1 玄关后方设定为社交区，大餐桌结合中岛的概念，是周妈妈和朋友们的唱歌联谊空间。

2 浴室往前挪移，让联谊区、卧室两边使用都更方便，并利用暖风设备改善通风对流问题。

3 卧室与公共区之间采用拉门设计，平常一个人时能完全开启，让前后空气流通，空间感也更宽敞舒适。

4 在洗晒空间与卧室之间另划分休憩区，也借由两道门的设计，自然形成空气层，隔绝冷空气。

5 原本闲置的后院经过重新整理规划，架高地板解决返潮，雾玻璃采光罩创造出半室内的洗晒功能。

POINT
01　巧妙安排舒适动线

利用以新复旧的概念，重新定制带有复古元素的铁窗，融合原有瓷砖壁面与大门。原大门变为向外开启，动线更流畅。走入室内，斜坡地坪设计让年长者行走更舒适，铁件柜体隐约保有隐私，加上百叶玻璃窗的规划，创造空气的流通性。

01

02

02 一区两用小巧思

玄关进来后的餐厨区域，是周妈妈接待街坊邻居的联谊区，温暖的木质大餐桌提供他们用餐、唱卡拉 OK，中岛台面下则巧妙隐藏小家电设备，另外厨房壁面的烤漆玻璃材料亦延续至左侧壁面，日后清洁更加方便，厨具设备也特别选用电炉，考虑日后使用的安全性。

03 拉门巧妙作隔间

公、私区域利用拉门作划分，廊道上的半腰柜体同时巧妙地具备扶手的意义，也是周妈妈的药品、外出、化妆需要的收纳。此外，卫浴挪移至屋子的中心处，双动线设计满足待客使用，卫浴同样出于安全考虑，选配电热水器。

03

04

POINT 04 高低差定义场域

利用后院架高、雾玻璃采光罩重新打造半室内的洗晒空间，一致的水平高度，让周妈妈能舒适使用。睡眠区、洗晒区之间则另辟一处起居室，成为周妈妈的日光小客厅，也因为一层层的门窗、拉门阻隔，改善了室内冬天湿冷的问题。

传承期

家宅的重生与传承

接手长辈老屋→ 从心打造生活环境

在人生的不同阶段中，自己的成家、立业，
家人成员组合的增减，生活方式的种种变化
之下，居住的生活空间也或多或少有所改变，
如何在时间、空间、金钱有限的条件下，传
承老屋，并创造贴近自己生活习惯、满足种
种居住需求的环境，就变得极为重要。

CASE
01

可以是健身房，也是孩子游乐场的家

空间共享，创造家的多元功能

屋主两年多前继承长辈的老宅，居住空间、生活功能问题随之衍生。通过设计师的改造，弹性隔间创造出多元的生活空间，客厅、书房都有孩子能游戏的平台，玩具随手就能收在卧榻下，甚至还满足了爸妈在家健身的梦想。

撰文 / Patrisha
设计团队 & 图片提供 / 工一设计

面　　积	102 m²
房　　龄	15 年
格　　局	3 房 2 厅
居住成员	2 大 2 小
装修耗时	4 个月
工程花费	70 万元

　　一家四口的小家庭，两年多前继承长辈的老宅，当时并未重新装潢，住了一段时间后发现生活功能不够齐全，因此想要在不换屋的情况下，打造更好的居住空间。

　　在屋主、设计师双方沟通之后，了解到全家人其实很习惯原有的生活动线，因此格局上不须太多改造，反而考虑到夫妻俩十分重视孩子的游戏空间。女主人是英文老师，下班之余须边看顾小孩、边加班准备教材。于是在空间规划上，要把各自的私领域集中，舍一隔间换上拉门、折门的弹性设计，并利用一整道弧形对外窗边辟出休憩平台，此平台更与沙发一体成型整合，当孩子在平台上玩积木、玩具时，爸妈就在一旁陪伴，也能处理工作。立面材质上则利用氟酸玻璃微微反射的特质，让整体画面统一却不单调。地坪材料则以大尺寸亮面瓷砖、木地板区隔出空间属性，并延伸至走道，令视觉更有延续性。 电视柜台面则选用与地板色系相近的仿石美耐板，让空间的材质整合达到一致。另外屋主提出健身需求，设计师将入口玄关灯结合了单杠的功能，创造出特殊性。

设 计 师 改 造 重 点	对小家庭来说，收纳比较重要，同时还得考虑空间的宽敞性。在此方案中，特别将不同空间，包含玄关、健身房、餐厅、客厅、游戏室以共享的形态配置，利用一整道弧形对外窗打造兼具储物与休憩、玩耍的平台。

Before

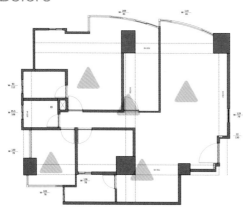

 装潢改造

After

平面图细节对照

1　客厅弧形对外窗边规划为休憩平台，平台与沙发整合为卧榻、游戏区。

2　拆除书房隔间利用弹性滑门、折门取代，创造各种私密与开放的使用模式。

3　原本独立的厨房换上长虹玻璃拉门，便于光线穿透，也达到线条感的一致性。

4　主卧室局部微调卫浴隔间，并衍生出大衣柜功能，弧形窗台也变身休憩平台。

5　儿童房既有梁柱结构问题以"口"字形造型包覆，且顺势发展成为床架，同时增加收纳功能。

01

POINT
01 创造弹性空间

弹性隔间考虑了女主人返家后，需要一边照
顾孩子、一边准备教案，相互陪伴的需求。
当拉门与折门轻轻阖起后，也能成为安静独
立的空间，看似柜体的白色立面底下，则是
隐藏掀床，让空间更具备客房用途。

POINT
02 空间全面整合

拆除原本客厅后方的隔间墙，两侧分别以拉
门、折门取代，空间感无形中被放大许多，
最特别的是沙发底座与窗边平台、台阶一体
成型，孩子能在卧榻上翻、滚、玩耍，打开
卧榻，玩具就能迅速被收整隐藏，椅背甚至
还能稍稍阻挡凌乱的玩耍场景。

02

03

POINT
03
放大公共场域

将公共区视为互相共享的大空间，因工程中屋主临时希望扩增健身单杠，设计师灵机一动利用玄关的天花板高低层次，采用铁件内嵌灯具的做法，将灯具与单杠完美结合，铁件灯盒上方另有黑铁结构锁于楼板上，确保结构安全性，还能成为家中独特的亮点。

POINT
04
闲置空间再利用

主卧室闲置的弧形窗边一致打造为平台，搭配对开窗帘设计，平常维持通透的视野，让光与景观成为生活中美好的画面。床头壁面饰以仿石材美耐板拼贴，借由适当的比例分割并嵌入镀钛板点缀，回应屋主偏好的亮面质感。

04

包覆设计削减梁柱压力

两间儿童房内都有原始的梁柱问题，除了要避开结构，空间本身也不是很大，面对这个难题，设计师巧妙利用"口"字形的包覆设计，将梁柱完全隐藏在造型之内，同时创造出床架的功能，而这样的包覆设计也可增加孩子的安全感，衍生出许多收纳空间。

05

CASE
02

老物件、白砖墙打造复古工业风

利用弹性隔间与复合餐桌赋予生活的多元变化

爷爷留下的老公寓，出乎意料留有许多珍贵的桧木，重新整理改造成为实用的家具、层架等，结合夫妻俩喜爱的水泥、白砖墙等轻工业元素，勾勒出专属于家的复古风格。

撰文 / Patrisha
设计团队 & 图片提供 / 里心设计

面　　积	99 m²
房　　龄	30 年
格　　局	3 房 2 厅
居住成员	2 大人
装修耗时	3 ~ 4 个月
工程花费	60 万元

　　这间房龄 30 多年的老公寓，承载着屋主童年的生活回忆、与爷爷共处的美好时光。爷爷离开后，长辈们决定将老房子留给夫妻俩，借由空间的继续使用，找回情感的联结。有趣的是，原本堆放在阳台的木料与门板差点被当作垃圾处理。设计师探访后确认竟然都是珍贵的桧木，于是找来老师傅拔钉、刨除表面等处理，重新以传统工艺技术"榫接"制作为餐桌、电视柜，甚至再运用变成书架、卫浴台面。不仅如此，老缝纫机巧妙地以白砖墙为背景，配上一盏日本复古吊灯，让爷爷留传下来的老物件们有了崭新的样貌与生命。

　　除此之外，原始 3 房 2 厅格局衡量年轻世代与长辈的想法后，重新规划为 2+1 房，满足夫妻俩渴望的开放式餐厨。书房通过使用玻璃滑门，弹性变成独立且具隐私的卧室，长度将近 3 m 的餐桌，更兼具电器柜、书柜等收纳功能，同时保有空间的宽敞视野。

<table>
<tr><td>设 计 师
改 造 重 点</td><td>在满足屋主夫妇想要的开放式厨房，以及长辈提出的 3 房格局条件下，原本挪移至后阳台的小厨房重新回到室内。书房与餐厅的界定来自于桧木餐桌，桌面平常可作书桌使用，用餐时计算机往旁边一收就是完整的四人桌。</td></tr>
</table>

Before

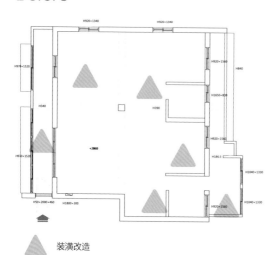

▲ 装潢改造

After

平面图细节对照

1 保留前后阳台不做外推，前阳台纳入鞋柜与储藏室，提升收纳功能。

2 厨房回到室内空间与客厅串联，开放式设计凸显空间的开阔与舒适。

3 书房利用谷仓滑门与玻璃门扇的效果，让开放与独立同时并存。

4 放大原始卫浴面积，干湿分离，添置浴缸,还能增加 0.5 套的如厕功能。

5 主卧室隔间稍微向客厅退一些，创造更衣室功能，能收纳大量衣物。

POINT 01 老屋重生更有风格

老屋格局经过重新整顿，公共区域维持着开放式设计，书房也选择弹性的拉门隔间，创造出流畅宽敞的空间尺度，天花板拆除后保留既有的水泥状态，不再刷饰漆面。为满足夫妻俩对轻工业氛围的喜爱，局部梁位则以木素材修饰，亦有隐性界定空间的意义。

01

02

POINT 02 调整分割比例

老屋既有落地窗宽度为 240 cm，考虑门扇分割的比例与采光面的完整性，左侧规划玻璃与铁件框架，中间再置入铁盒结构，面对客厅的一侧可作为吸铁石留言板，阳台一侧则可收纳钥匙。电视墙面因老屋原为木工隔间，拆除后重新砌墙并赋予白色，配上爷爷留下的老缝纫机，营造出复古氛围。

老家具焕发新生命

开放式餐厨与书房形成串联、独立的弹性设计，利用爷爷留下的桧木
制作出超大餐桌，餐桌同时也是工作桌、电器柜、餐柜与书柜。未来
若有家庭成员变动，阖起谷仓拉门和玻璃门，书房就能转换为独立房
间。

POINT 04 用材质延展视觉

主卧室舍弃多余繁复的设计，墙面刷饰温暖的雾灰色，隔间稍微往客厅方向退让一些，创造出更衣间收纳功能，并选用铝框玻璃拉门，视觉上带来通透延伸感。

04

POINT 05 重调浴室格局

利用原始卫浴位置，稍微将面积扩大，不但有干湿分离的设计，还能有舒适的浴缸泡澡，卫浴内利用桧木打造出台面、镜框，并特别选用黑白方砖作跳色，带出可爱复古的调性，浴缸后方墙面局部嵌入玻璃材质，以便让光线能透至另一面的如厕区，也化解了空间的窒碍感。

05

CHAPTER

3

局部使用率
提升法则

找出关键点，把家变舒适

复合空间，使用更多元
——弹性格局的规划要诀

隔间能划分空间属性，创造互不干扰的环境，但面积小的空间，过多的墙面走道只会让室内更受限。除了通透的开放式格局之外，还有很多隐形动线的手法能让空间达到两全其美的目的。

图片提供 / ST design studio

1【高低差】创造隐形隔间

除了有形的半隔设计，天花板、地面的高低差异化设计，也能在无形中创造出空间层次。在开放空间中，架高其中一处地板与邻近空间串联使用，就能为空间赋予不同的定义。例如，在客厅一角规划兼具午睡卧榻、泡茶打牌、储物的开放卧榻，那么客厅在影音享受之外，更多了起居娱乐的实用功能。

2【减一房】实际赚到更大面积

在大小固定的空间里，有些设计其实是 1 + 1 > 2 的，空间复合性愈高，相对就能赚到更多面积。比方说拆掉一个与客厅相邻的密闭房间，能增加娱乐、用餐、阅读等多用途。过多隔间不仅限制使用率，更容易阻隔光源、制造阴暗角落问题，让家愈住愈小。

3【微整并】整合边角提高实用性

并非每种功能都能透过方正空间来形塑，特别是小面积空间有时往往是不规则的格局，边边角角只要懂得利用，就能赚到更多贴心功能。像是沿墙搭建桌板，就能创造微型工作室，不但能满足生活需求，同时能让小空间得到最大化利用。

4【临窗区】增添空间活用价值

家中临窗处是采光最佳的"黄金地带"，除了将客厅、餐厅等重要收纳功能规划于此处外，搭配活动玻璃式拉门，就能活用该区域。平时开放共享天光，也能随意坐卧阅读休憩，当有客人来，加上卷帘就是现成的客房，既达到采光的目的又能提升使用率。

一加一减，赚到满满小确幸

73 m² 的三房二卫显得拥挤窒碍，因此着手调整成二房二卫加一储藏室，勇敢舍下了一个房间之后，得到的是后阳台充裕的绿景与自然光线，像是幸福版的杠杆原理，仅微调小处空间换来大大美好生活。

面　积	73 m²
格　局	2 房 +2 卫 +1 储藏
居住成员	2 人
设计团队 & 图片提供	虫点子创意设计公…

01

01 隐形门暗藏储藏小空间。面对电视墙的沙发角落空间并不宽广，延伸出去的是房门与储藏室门，设计师同样以清水模漆涂布整个背墙与门片，让端景更扩大延长，轻铁架轨道灯让上方照明毫无压迫感，单侧直立灯既有高度调整的功能，开启时的暖光也为空间增添舒适暖意。

02 开放空间拉高使用率。碍于原始格局，客厅空间因大门位置受到限制，设计师以铁件结合木工量体，让沙发面对电视的端景能单纯简洁，墙面也多了不做满的留白，鞋柜则与电器柜结合，形塑空间整体性，成功拉大格局视野。

02

03

03 隐形门扩大立面空间。客厅背墙以水泥粉光上色，并延伸至卧室门与储藏室门，拉长空间公领域。房门关起就能收起房间内的复杂线条，表现完整性，自然放大空间。其中色温较高的暖黄灯光作环境照明，让隐形门片在开阖之际带有艺术魔幻色彩。

04 以中岛隔出两种空间。旧格局中的独立餐厅造成空间紧迫阴暗，设计师拆除了隔间墙，释放后窗边原有的光线与绿意，以中岛串联长餐桌创造长形动线，更多了一小块书房空间，打造在此区用餐、看书、工作的惬意生活画面。

04

弹性格局
空间规划要诀
CASE 02

向上伸展的聪明微米平方

原始格局又是隔间又是走廊的 50 m² 小房子，一旦摆入家具就窒碍难行，所幸楼高是挑高的 3.4 m，设计师打开格局，调整动线减少畸零和浪费，并充分利用垂直空间，使中心点往外五步即可到达各个生活区块，成功强化空间功能。

Before   After

面 积	50 m²
格 局	1房2厅1卫
居住成员	2人
设计团队 & 图片提供	一叶蓝朵设计家饰所

01

01 重新隔间改善生活质量。原本阴暗无采光的次卧干脆打开与客厅合并使用，以整面书墙作为主要视觉重心。书墙下妥善安置了原先屋主一直担心放不下的旧沙发及边桌，搭配简单的电视柜完成视听娱乐功能的配置，客厅空间虽小却实用舒适。整体公共空间的色彩和材质配置上营造可爱活泼、平易近人的印象，以白色作为大部分立面的基底色调，再从玄关、客厅加入柠檬黄的圆点一路跳跃到客厅窗上的蓝色三角，再缀以木书柜、梯踏温暖的质朴温暖木色。

02

03

02 架高地板解决畸零空间浪费。主人未来有育儿的计划，考虑新生儿与父母同睡并放置婴儿床的需求，卧室舍弃床架，以架高木地板取代床架，下方增设收纳空间，不仅增加了储物量，也化解了原本难以使用的斜角型卧室的缺点。主卧内以清新的马卡龙色系色块延续公共空间的可爱主题，又多了一点柔和感，让人能放松安心。

03 复层设计满足多样需求。每个家永远都有收不完的衣鞋、杂物，这让收纳需求在小空间里更具挑战。虽然是小小的 50 m²，但在这 3.4 m 的挑高空间里，打造一座迷你阁楼却是绰绰有余。平台上可置物，偶尔亲友来访也有地方过夜休息，未来小朋友长大，自然就是一处现成儿童房，更不用说猫咪可以开心地上上下下，而楼梯下方畸零区就是最佳收纳空间，结合原先浪费的走道，马上就转变为女主人梦想的更衣室。

拆除不必要隔间，让人与猫生活都更自在

屋主入住这间约 40 m^2 的房子至少已有 8 年，先前家人已经做了设计规划，因多重隔间，无法满足现阶段所需。因此，选择重新装修，便希望能还原空间应有面积外，也能减少过多的隔间，让自己与另一半使用得宜，而两只猫咪也能舒适自在。

Before

After

面　　积	40 m²
格　　局	1房1厅1卫
居住成员	2人2猫
设计团队 & 图片提供	ST design studio

01 功能界定使用不打折。因业主家里饲养猫咪，故采取舍弃隔间设计，改以功能作为小空间上的界定。另外空间中也加入展示型收纳，既可顺应屋主随时调整陈列出各式收藏品外，最特别的是它们也能兼具"猫爬架"功能，让毛孩子们可以随心所欲地爬上爬下、尽情玩乐。

02 有意义的挪动格局。餐厅、厨房原先所在位置会让格局变得过于破碎，于是设计师将两者位置做了调整。一来顺理成章地将客餐厅整合在一起，并围塑成一个完整空间，二来使用上也更加理想。有限环境下未必能配置过多实体柜收纳，于是设计师改以圆铁管来做补充，吊挂衣物不再受限，也能让生活物品成为最美的装饰。

03 保有空间层次感。卧室位置没有变动，但设计师改以开放形式为主，并将电视墙作为与客厅的划分。这样可减少小面积空间中不必要的墙面，既可将隔间墙立于同一直线上，又能让环境保有层次感。

01

02

03

弹性格局
空间规划要诀
CASE 04

简约中闻得到自然芳香，善用畸零 53 ㎡ 花语宅

喜欢乡村风的女主人与喜欢现代简约的男主人，风格相差十万八千里，尤其是在只有 53 ㎡ 的空间当中做出最好的呈现，对设计师来说是个挑战。设计师以现代元素成为空间基底，并使用软件与饰品让乡村风气息充分弥漫其中。

Before

After

面　　积	53 ㎡
格　　局	2房2厅2卫
居住成员	2人
设计团队 & 图片提供	寓子设计

01 善用畸零空间，聪明收纳，生活更宽敞。设计师将重点放在风格营造与功能的调整之上。在厨房空间增加电器收纳与中岛，既能当操作台，也是二人餐桌。而因为小面积，畸零空间的运用更是重要，楼梯下方作为储藏室，可收纳行李箱与大型扫除用具，门片施以草绿色赋予乡村风自然气息。

02 缤纷楼梯转换公私领域，简约娱乐室享受休闲。以楼梯墙面作为吸睛主视觉，运用缤纷的壁纸转换公私领域，而地下层设置娱乐室，让友人欢聚时能在此享受博弈之乐，也可作为临时客房。喷砂玻璃推拉门能让日光入室并隔绝噪音，还可节省空间。

03 衣物吊挂满足最大收纳量。在此方案中唯一新增的就是卧室更衣室。吊挂收纳是能容纳最多衣物且是最节省空间的收纳方式。因此面积有限的情况下，设计师在更衣室中摒除柜体，运用吊挂让夫妻二人的衣物都能得到充分收纳，也让人在里面有更换衣物的空间。

01

02

03

弹性格局
空间规划要诀
CASE 05

开放 × 隔屏解放采光，50 m² 微型放大术

该房原本有两房一厅一卫，希望在有限的 50 m² 内达到最大的使用率，设计师运用"拆墙引光"的策略，改为开放式客餐厅与一房，即使只有单面采光，也令全室透亮；光线、视觉与动线在空间中自在流动。

Before

After

面　　积	50 m²
格　　局	2 厅 1 房 1 卫
居住成员	1 人
设计团队 & 图片提供	和和设计

01 拆除隔间墙，空间更放大。原本只有厨房与卧室单面采光，使得公共区域暗淡无光。设计师在不影响安全结构的前提下，拆除厨房与卧室共三面隔间墙，封闭式厨房的墙面变成中岛，卧室则使用旋转铁件隔屏做成隔间，日光得以洒落全室。室内使用白色作为主色调，空间视觉也变得更加开阔。

02 地坪材质决定冷暖调性。鞋柜与客厅电视墙做结合，满足收纳也顺势划出玄关空间。另外，全室虽然是开放式空间，客厅电视墙使用特殊灰色涂料，深灰色沙发与仿水泥纹路瓷砖的地坪营造公领域稍冷且低调的性格；转入私人空间，胡桃木人字拼增添暖意，营造出温暖的空间氛围，仅用地坪就画出公私领域界限。

03 波浪旋转门折射光影律动。主卧室隔间有别于一般弹性隔间，使用五扇旋转隔屏，光线可依照门扇打开的方向与幅度产生折射律动，令空间光影更显变化。而卧床背对公领域视线，留有一点隐私与安全感，床尾后方半开放的位置则作为工作阅读区，并在其后打造充足的衣柜空间，将空间作出最大化的运用。

01

02

03

功
能
结
合
活
动
隔
间
，
创
造
人
猫
共
享
宽
阔
舒
适
生
活

虽然只有一个人居住，不过因为屋主在家工作，拥有许多藏书，加上又养了三只猫咪，希望改善收纳问题，同时给猫咪们宽敞舒适的生活空间。设计师利用弹性的活动折窗，加上妥善整合功能等手法，满足人与猫咪的需求，还让空间有了放大的效果。

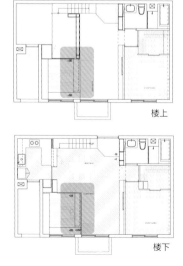

楼上

楼下

面　　积	74 m²
格　　局	1 房 +1 书房
居住成员	1 人
设计团队 & 图片提供	里心设计

01

01 活动折窗可独立可开放不受拘束。考虑屋主单身一人居住，又是在家工作的类型，因此设计师拆除客厅后方的隔间，选择能弹性开阖的折窗设计。当屋主需要专心工作、阅读的时候，折窗能阖起，避免猫咪们干扰，但视觉上仍维持通透延伸，折窗平台下开发出书柜功能，加上左侧书墙，满足屋主极大的书籍收纳量。

02 挑高空间是阅读、客房，也是猫咪乐园。利用挑高 3.6 m 的高度延伸出二楼格局，采取开放式设计。倚墙面规划大面书墙，创造阅读、休憩的居家图书馆氛围，并利用此高度打造出猫咪们最爱的空中廊道。隔间部分依据猫咪们的身材体形，量身预留适合的猫洞尺寸，让它们能自在穿梭于每个空间当中。

03 楼梯、折窗下隐藏丰富储物空间。为兼顾空间尺度与收纳的双重需求，除了让楼梯下的每一个阶梯都可储藏使用，位于沙发后方的折窗下，则规划为尺寸合适的 CD 收纳柜，功能增加了，空间也能宽阔通透。

02

03

空间串联，使用率更升级
——合并动线的规划要诀

"动线"属于空间中动态的功能连接，若能聪明地串联每个区域，即可让起居坐卧的使用事半功倍，创造高效率应用。只是如何透过设计连接区域、如何选对可连接的区域，都是必须考虑的重点。

图片提供/慕森设计

1【错位隔间】打造洄游式动线

　　小面积中打开局部隔间，往往能创造室内连续的动线。若能采取环状、洄游式的走道设计，就可让空间产生层次变化，每个区域之间不止一条到达路径。加上隔间错位的巧妙安排，让视线有见不到底墙的感觉，也可创造空间放大感。

2【比例分配】从使用角度作规划

　　受限于面积，规划小面积的屋型必须注意空间的比例分配，建议先思考自己及全家人平日习惯的生活动线，及个别空间的使用频率，找出最重要的需求，避免将珍贵的空间浪费在不怎么常用的设计上，如不开伙的厨房，或是从没人光临的客房等。

3【功能走道】拉高空间使用率

　　走道作单一用途其实是相对浪费空间的设计方式，若结合其他功能规划，就能拉高空间的使用率。例如楼梯下可搭配收纳设计，或者在走道两侧设计书墙或展示柜等具美化兼收纳的设计，透过复合使用概念让走道功能化。

4【活动设计】打破空间局限

　　小空间若要提升使用率与动线的灵活性，可以多使用活动式的设计，像是常见的活动拉门。须注意的是，当住宅左右宽度不足以容纳门片尺寸时，可改为折叠门片、收纳于邻近垂直壁面。

5【零干扰区】保护私领域

　　私领域要有相对的设计减少干扰，这也是小面积设计时需要在动线安排上注意的重要事项，如睡眠区、须专心读书工作的书房等，最好都能规划在动线末端或是走动较少的边缘地带。

弹性隔间复合场域，
56 m² 老屋化身超酷工业宅

15 年的老屋虽然采光优异，但原本的隔间使得住在里面容易觉得狭窄不舒服。由于屋主是单身贵族，加上特别喜爱工业风，因此设计师顺势将主卧格局加大、书房隔间打掉并与客餐厅串联，并打破传统思维，客厅没有沙发，用一张餐桌复合工作桌，与鲜艳的黄色单椅让空间使用更怡然自在。

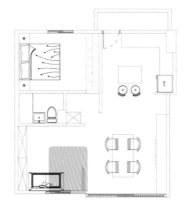

面　积	56 m²
格　局	1房1厅1卫
居住成员	1人
设计团队 & 图片提供	浩室设计

01

01 玻璃弹性隔间放大空间阻隔油烟噪音。一走入客厅，砖红色文化石与裸露天花板及管线都呈现出浓厚的工业风。空间跳脱传统，没有沙发，反而以工作餐桌为主体，并于窗边摆上复古茶几搭配鲜艳黄色单椅让视觉聚焦。原本的书房隔间打掉，与客餐厅串联，并以玻璃推拉门做弹性隔间，有需要时能阻隔厨房的油烟与客厅的声音，而书房的收纳书墙与走道的粗犷墙面也是 Loft 风格的展演。

02 反差材质营造冲突视觉。厨房空间部分，墙面以水泥粉光做特殊处理，与 L 形橱柜斑驳感的木皮门片相互呼应，橱柜和中岛吧台的台面则为不锈钢，金属的亮面与粗糙质感的壁面与门片形成反差。而中岛台面除了可作为操作台面外，也可以是早餐吧台或是品酒区。

02

03 床头运用窗框式设计搭配黑底延伸视觉。有别于公共区的工业风，主卧内运用温暖简单的配色呈现。床头墙以深色木皮框出，框架中间壁面为黑色,有如一扇望向神秘黑夜的窗,不仅延伸视觉,令空间放大，也赋予舒眠区沉稳的感觉；卧床区架高木地板,并使用地板间接光源,营造轻盈效果,也让夜晚如厕更安心。

33 m² 轻工业小宅，调整格局让小宅重见日光

仅有 33 m² 的小宅，因为原本隔间墙的阻碍，加上只有单面采光，家中部分空间显得昏暗。设计师衡量屋主的使用习惯，打掉阻挡光线的隔墙，让日光充满全室，并响应屋主喜欢的轻工业风，内部使用许多钢构线条，成为自然的区域划分，再用白色作为空间主调，创造小面积的穿透视觉。

Before

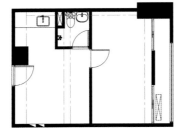

After

面 积	33 m²
格 局	1房1厅1卫
居住成员	1人
设计团队 & 图片提供	慕森设计

01

01 一桌三用实现最大便利。考虑空间使用率与采光，没有刻意做出玄关，反而在此摆放一个吧台桌，除了做出玄关与客厅的界限之外，也因为邻近厨房，更是直接方便的用餐空间。此外，屋主身为老师，难免有需要在家工作或是备课的需求，这时宽敞的桌面又摇身一变为阅读工作桌面。

02 重点区域跳色超吸睛。蓝绿色的双面柜体和沙发，点出重点区域，使客厅成为空间焦点。因为屋主平常喜爱摄影，设计师腾出沙发背墙，以金属窗帘杆做成相片挂架，让屋主时刻都能细细品尝美好的回忆，并呼应墙面黑色灯具与EMT管的轻工业风。

02

04

03 木地板深浅差异创造隐形界定。窗边卧床区使用垫高的木地板，隐形界定公私领域。而与客厅共用的双面置物柜也成为空间界定，上方以细致白色钢构形塑窗框，并借由植栽与饰品增添自然气息。

04 巧用地坪、柜体隐形界定场域。床铺前方高260 cm的复合式柜体，上中下设计满足所有收纳需求，而靠近采光窗、自然下沉的畸零空间则顺势成为更衣室，不需要特别设计门片就能保有足够的隐私。

合并动线
空间规划要诀
CASE 09

回字动线自在游走空间

自觉个性像猫咪一样慵懒的女屋主，喜欢 Loft 风格的轻松舒适感，约请了澄橙设计来做规划，除了要求调整格局与动线外，还希望能拥有卧榻及预设好的实用功能，与爱猫时而保有独立关系，时而拥有更多的亲密互动。

面　积	56 m²
格　局	1房1厅1卫
居住成员	1人
设计团队 & 图片提供	澄橙设计有限公司

01 清楚区分公私领域。格局经过整并后，仅让空间做最单纯的切割，一侧是公领域，另一侧则是私领域。清楚空间定义后，则是通过功能重叠方式来应对，自厨房台面延伸出来的吧台，成为简易餐桌；再往前则以卧榻取代沙发，不仅生活动线顺畅、功能齐全，人与猫都能轻松享受空间。

01

02

02 整并提升使用效率。将原本的 2 房整并后改为 1 间大卧室，其中又用家具细分出睡眠、书桌、更衣室等区块。在这里，无论是梳洗后回到卧室重新换妆，或是先在书桌区阅读后再入睡，使用与行走动线变得更理想之外，也找回卧室该有的空间大小。

03 转换自如空间弹性大。卧铺旁即为更衣区，设计师为避免空间过于幽闭，以开放式吊挂挂式衣柜为主，便于取得各式衣物，也有助于加强环境采光性。衣物的收纳除了吊杆形式，另配置了阶梯式五斗柜，方便屋主收纳其他物品，同时也能作为毛孩子的活动跳板。

整合全家人喜好习惯，
量身打造舒适宅邸

屋主身为法餐厨师，却没有足够空间享受在家下厨的乐趣。为了改善不良隔间和动线，设计师根据屋主的烹饪习惯做规划，以厨房为中心，考虑整体动线的流畅感，延伸至其他公共居家空间，同时满足喜爱品茶的父亲的需求。

面　　积	76 m²
格　　局	2房3厅1卫
居住成员	3人
设计团队 &图片提供	一它设计

01

01 型随功能变，斜形动线更宽敞。拆除一房打开公共空间，并以屋主重视的厨房为主轴做规划，设计一个一体成型中岛吧台延伸餐桌。不规则多边形的轮廓，使餐桌可容纳更多人使用，每个角都是钝角，也比传统长方形让周边动线更顺滑。与厨具连接的展示收纳柜，不与厨具平行，而是往客厅斜向延伸，沙发及电视柜也采用斜向设计，别具特色。

02

02 用开阔落地窗放大端景。设计师在阳台壁面栽种植物墙，与山景接壤。电视柜下方的台面与墙下的台面齐高等宽，视觉上好像穿透玻璃一直延伸至户外阳台，感觉阳台也是客厅的一部分，电视柜采用斜面设计，顺带呼应了沙发、厨房侧边收纳柜皆斜面的摆放，除了看起来协调一致，也能引导视线至室外的视觉焦点。

03 多功能区合并空间动线。屋主的父亲喜欢品茶，而来访亲友偶尔也会有留宿的需求。设计师规划了一个弹性的日式风格休憩空间，兼具茶室、客房卧榻等功能。架高地板铺设抗潮的化纤仿榻榻米结合沙发座椅，设计为可弹性收放的多功能家具，随意变换成沙发椅、小通铺或茶室。更进一步规划位于卧榻下方抽屉式的柜体，靠窗台面也设置了上掀式的收纳柜。

03

合并动线
空间规划要诀
CASE 11

开放动线的悠然乐活退休宅

迈入老龄的退休夫妇，想重新规划居住环境。擅长以独特角度、洄游动线创造开阔空间感的设计师，打破制式空间规划思维，使空间功能重叠，开放动线可以自在游走，一点都不觉得小。

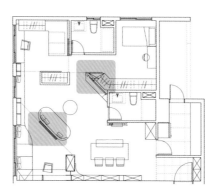

面　　积	77.5 m²
格　　局	3 房 2 厅 2 卫
居住成员	2 人
设计团队 & 图片提供	将作空间设计

01 以客厅为轴心游走全室的循环动线。以客厅为公共空间的中轴，左右两侧分别为卧室与餐厅，后方是可独立当作客房的书房区。大卧室除了可借由拉门分割为两个房间，也有两个独立的门，未来如有需要，其中一间可作为看护房。整体空间形塑出回字形、环绕的特色动线，消弭走道，形成自然的功能场所转换，更宽敞、灵活。

02 以特殊角度切割空间，用细节线条引导视线。沙发及电视斜放使得后方的书房不需两面墙就可隔出独立空间；餐厅跟书房间的隔间柜特意不靠墙，让视线可以跟着一体成型的台面线条一路深入，产生深广的错觉。

03 简约色调与单纯线条，清爽氛围放大空间。浅色系会为有限面积的小空间带来放大效果，反光最强的白色更是加强采光的最佳选择。空间主要以白色为基底，搭配浅木色地板减少天花板的压迫感；深蓝色单椅的鲜明色调是一片淡雅中唯一跳色的视觉重心，而藏有大量书籍、分属两个房间的书柜以矮柜衔接形成一直线，营造出空间的一体感，感觉更大。

整合延伸，活用畸零角
——空间放大的规划要诀

　　空间受限的环境，每一寸土地都显得弥足珍贵。想要打破面积限制，就必须从各方面整合，并活用畸零角落。除此之外，采光决定了该区域的舒适度，面积愈少愈需要足够的自然明亮创造开阔感，避免四壁空间带来的窒息压力。

图片提供／三俩三设计事务所

1 整并畸零角，放大使用率

　　每个房子在屋形与梁柱结构下，多少都会遇到有畸零角的格局，小空间格外容易因梁柱形成紧迫不适。因此，借由收纳柜或假柱，可包覆修饰畸零角，同时增加使用功能；也可利用梁柱来做区隔空间的定位点，降低突兀感。尽量将边角隐藏，或想办法融入格局中使之合理化，是小面积的最佳思考方式。

2 向上延伸，创造更多空间功能

　　小面积设计若只看平面使用面积，那么能发挥的极为有限，但别忘了空间来自3个维度，可试着在规划空间时朝着立体化的方向做设计，像是创造高低复层增收纳、设计空中层板展示吊柜等，能在有限的空间中做无限的扩增。

3 公领域整合，碎空间内收

　　集中开放区域中的活动区，让空间出现疏密差异，视野自然能更宽广。小面积空间也少不了"内收"的概念，尽量减少繁复的立面，将琐碎的功能集中，如在卧室内将衣柜与化妆台统一整并，楼梯畸零地内收整合进储藏区等，一来使用功能不打折，二来整体也更利落。

4 提升透光度，创造宽敞视角

　　建筑是固定的，想要破解小面积在空间中的局限，就需要揽进更充分的采光，开放式设计能让空间更通透，开窗位置不尽理想的室内，则可选择透光玻璃材质做隔间。如果是单面采光的格局，那么光线更弥足珍贵，隔间时应尽量避免开在窗户前，楼梯、动线也要避开安排在采光面。

30 年老屋，巧妙蜕变成饱满明亮宅

这是间房龄超过 30 年的老屋，屋主一家四口原先就在这生活。不过，原本的格局配置使用效益不佳，且室内采光与动线也不尽理想，屋主期望透过重新装潢找回空间该有的宽敞，同时也让该有的功能到位，赋予一家人更舒适惬意的生活环境。

Before

After

面　　积	82.5 m²
格　　局	3 房 2 厅 2 卫
居住成员	2 大 2 小
设计团队 & 图片提供	穆丰空间设计有限公司

01 合理配置生活功能。由于屋主一家共有四口人，且小孩又正值成长期，其间还会衍生出许多生活物品。于是设计师利用格局在玄关处配置了一间储藏室，足够屋主摆放各式生活用品、大型电器等，有效做收纳，空间也不会凌乱。由于储藏室是重新整并的，不会阻碍室内的使用动线与采光。

02

02 让功能更到位。原先的格局无法拥有餐厅区，为了改善此问题，设计师先将过道纳入成为厅区一部分，同时也将客、餐厅以及厨房做串联，扩大公共领域使用范围，更重要的是找回餐厅功能。适度舍弃实墙后，改以玻璃隔窗作为隔间，区隔作用达到，又能成功地引入丰沛光线，让室内更通透明亮。

03

03 拥有各自专属空间。过去一家四口睡在一块，但随着小朋友年纪渐长，为了能培养他们独立的习惯，在此次翻修中也做了变化。设计者以鹅黄色调为主，让空间看起来更加温暖。两个小孩的床铺也加了量身定制的床头设计，女儿是城堡、儿子是火车，专属于孩子们的设计，也让他们更愿意在自己的秘密基地学习独立作息。爸爸妈妈专属的主卧就维持简约调性，落地式柜体也带来大收纳量。

融入光合作用，
徜徉绿色生活的日安小屋

没有阳台，不表示不能迎入暖阳、空气和风，让满室绿色植栽进行光合作用。
设计师微调空间，安排一扇宽屏大窗搭配卧榻来强化与户外空间的联结性，
室内能有更多日光与空气对流，格局简单自然，打造恬静居家氛围。

Before　　　　After

面　　积	51 m²
格　　局	2房2厅1卫
居住成员	2人
设计团队 & 图片提供	三俩三设计事务所

01

01 麻雀虽小五脏俱全的客厅收纳。51 m²的小宅，必须以设计提高使用率满足需求。收纳是屋主特别关心的部分。窗下卧榻为客厅创造更多座位，不需另置沙发，就可解决亲友来访时聚会空间不足的问题。同时卧榻下方也是可收纳物品的柜体，窗边两端贴近墙柱的也是收纳柜，而电视墙后则是侧开的玄关衣柜和鞋柜，精心规划的配置，外观整齐的线条清新色调，不会因橱柜体量增加空间负担。

02 **自然色调舒缓空间紧迫感。**全
室采用高明度、低彩度的自然大
地色系，墙面以白、浅灰为基调，
搭配薄荷绿来漆墙，视觉上能产
生后退感，扩大空间减少压迫。
浅色木家具、木地板、浅灰地砖
等自然质感、不反光的材料做跳
色设计，呼应家就像是会呼吸成
长的植物般的概念，实现屋主期
望的清新自然风格。

02

03

03 **开放式厨房呈现生活美学。**将客厅、餐厅与厨房间不必要的隔间墙拆除，厨房作
业区以一小段玻璃矮隔作为象征性的区隔，减少走道畸零空间浪费，放大客厅景深，
厨房的窗户也增加通风采光。局部吊柜采开放式收纳，减轻视觉上的压迫感，纳入
盆栽更呈现具生命力的生活美学。原本设计与厨房柜体联结的可伸缩隐藏餐桌，但
后来屋主选择木质活动餐桌，款式与六角地砖呼应，也较节省预算。

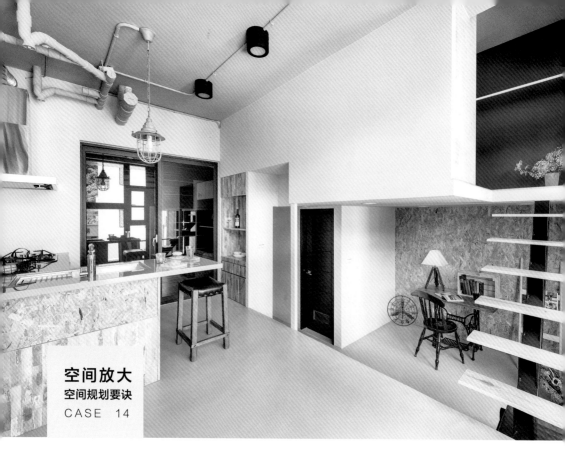

30 m² 轻工业质感宅，破解格局超展开

原始空间格局有隔间，在里面生活感觉十分压迫。因为屋主只有一人，且没有结婚生子的打算，于空间的需求其实很简单，只要开阔、舒适、简单，再带点少许的工业风，即可满足起居需求。设计师重新规划开放式格局，原本的夹层改为半开放式，让日光得以抚照全室，且能借此放大视觉感打造不压迫的居家空间。

Before

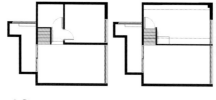

After

面　　积	30 m²
格　　局	1房1厅1卫
居住成员	1人
设计团队 & 图片提供	寓子设计

01 选择适合家具放大空间。设计师运用空间的错层设计，利用高低差将公共空间分为客餐厅与书房两部分，简单做出界定。因为屋主工作原因，外食居多，开放式的 L 形小厨房虽然不大，却已能满足屋主平常烹饪轻食、偶尔邀请朋友来家中聚餐的需求。而旁边则简单摆上一张单椅，随手放上一幅画作装饰，谁说客厅一定要有沙发呢？

02 6 分装潢 3 分工业风，1 分则以独特个性填满。空间地坪与墙面以灰色钢石铺陈，凸显空间工业气息。走下台阶的书房区墙面以漂流木纹理打底，搭配老式缝纫机做桌脚的桌子及老物件，空间中运用 6 分装潢 +2 分工业风家具 +1 分工业元素做陈设，而最后的 1 分则由女主人的个性来填满。

03 降低家具高度视觉跟着开阔。二楼夹层高度为 1.8 m，在里面行走也能悠游自在。卧室内以深蓝色作为空间主色调，营造沉稳的舒眠环境，而简单的收纳柜体以柔和藕紫色拉帘做开阖，卧床不使用床架直接平铺木地板上，降低家具高度也令空间视觉跟着放大。

引光入室的透亮设计，
成功放大原本狭窄的面积

担心过多实体隔间无法发挥环境该有的优势，设计者将卧室、书房的隔墙改以玻璃、弹性拉门为主，拉门开阖的过程中，既能够变化出舒适的空间，也能将客厅前端的充沛光线、绿意盎然引领入室，让使用者就算身处格局末端也能将室外美景尽收眼底。

Before

After

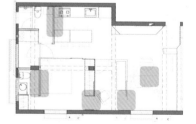

面 积	63 m²
格 局	1+1 房 2 厅 2 卫
居住成员	2 人
设计团队 & 图片提供	六十八室内设计

01

02

03

01 巧用玻璃框住最好的美景。这是间屋龄 35 年的老房子，设计者在设计前发现临街的客厅区拥有一大面向阳优势，便将格局前端最好的景致保留下来，并将书房隔墙改以黑色玻璃为主，无论身处客厅还是书房，都能感受到饱满光线，欣赏到这美丽的景色画面。

02 回字动线自在穿梭其中。过去的空间，在过多实体隔墙分割下，被切割得很零碎，也无法感受到宽阔。于是设计者舍弃卧室与书房的实体墙，改以弹性拉门为主，创造出回字形动线，让用户能自在地穿梭其中，空间不再被切割、阻断。

03 透明材质让光线无限延伸。整合生活动线后，为了不让小环境显得压迫，除了在空间中适度揉入玻璃、涂料、水泥粉光等材质，增添空间层次与视觉上的变化。书房的隔间墙，改以黑玻璃为主，目的就是让光线能从格局前端渗透至末端，让整体都能饱满明亮。

以简约布局，
「框」出小空间的新感受

这间 40 年、36 m² 的小空间属狭长型，且唯一的采光面只落于前端。于是，设计者选择将睡眠区安排在前段，中段为客厅区，末端则是厨房与卫浴区。在空间里，通过家具、设备来做各个使用环境的划分，既不破坏室内的采光，也能替小住宅带来通透感。

面　　积	36 m²
格　　局	1 房 2 厅 2 卫
居住成员	1 人
设计团队 & 图片提供	Studio In2 深活生活设计公司

01 "框"出空间新景致。虽仅 36 m^2，设计者仍期盼在小环境中创造出一个小卧室的感受，于是，特别在空间中加入了"框"的设计概念。架构上贴覆实木贴皮，当屋主身处其中，既温润还能有着被包覆的感觉。

02 家具作为隔间工具。因空间面积不大，设计者舍弃实体隔间来做划分，改以家具、设备等作为区分小环境的因子，清楚定义出每一个使用区。这样还能不破坏空间采光，给整体带来通透效果。

03 隐藏让使用更弹性。多数人在意的置物需求，透过一大面整合各种收纳功能的柜体来解决。不论衣物、电视、电器还是各式生活用品，均能轻松、完整地收纳，甚至还在其中置入了隐藏型餐桌与餐椅，有需要时轻轻拉出即可，既能满足使用需求又能维持空间的一致性。

01

02

03

运用玻璃调整采光，顺势放大空间视角

43 m² 空间虽然不大，但有了大落地窗就能创造良好采光和宽阔的空间景致。设计师更运用地坪高低差手法，区隔使用功能，创造空间纵深，浴室墙面采用透明玻璃的大胆设计，连小角落都能增添通透感。

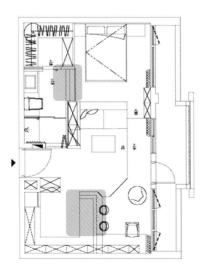

面　　积	43 m²
格　　局	1房2厅1卫
居住成员	1人
设计团队 & 图片提供	将作空间设计

01 室内外空间连接扩大使用空间。室外阳台架高地坪铺设与室内书桌餐厅区同高的松木地板，使得内外空间得以串联，将户外景观引进室内，室内动线可向外扩张延伸，自入口至厨房、餐厅、客厅直到阳台，都成为公共活动区域的一部分。

02 高低差地坪创造空间纵深。三段高低差地坪，分割出第一层的客厅及厨房，第二层的餐厅、书房及第三层的卧室区等不同功能的活动空间，大型家具也采用靠近地面、类似日式风格的低矮配置，使人自然产生席地而坐的自在感，增添整体空间纵深，感觉宽阔而不压迫。

03 全玻璃浴室通透，具深度的视觉效果。由于目前空间仅一人居住，没有隐私问题，大胆选用清玻璃作为卫浴领域的隔间门墙，沙发旁的收纳柜也是全玻璃打造，除了使主人能在浴室享受山林景观和自然光线，玻璃和金属框架创造既通透又具层次的视觉效果。

提升功能，生活井井有条
——扩充收纳的规划要诀

　　小住宅的收纳设计原则是分寸必争，其中空间的使用率更是重点。如何在有限的空间中增大收纳量，如何应用柱体梁下、假梁空间、楼梯下方等空间提升使用度，就显得极为重要。而柜体的设计重点在于应变，必须视现场条件来变化，每一寸空间都需要充分发挥使用率。

图片提供 / KC design 均汉设计

1 运用小角落偷取大空间

透过各种小创意，收纳空间可以无限扩增，利用转角过道、架高地坪甚至隔间墙等，都可以延伸出收纳空间。只是设计时需要分别注意要保留一定的走道宽度，架高高度要方便日常使用，预先规划好两侧用途，等等。

2 展示和储藏弹性分配

房子愈是狭小，屋主就愈需要通过"整理"，赋予空间最大的功能，才能避免压缩空间面积。将玄关、客厅必须容纳的收纳功能，整合设计一面柜墙，隐藏鞋柜、书柜、收纳柜，局部开放式柜格陈列展示用，电视墙下方悬空设计还能收纳玩具箱。

3 让隔间也能拥有复合功能

小住宅居住成员少且关系亲密，加上空间规划时锱铢必较，因此在提升使用率的考虑下不妨从隔间中偷空间。如借由房间必备的衣橱取代隔间墙，或是两面皆可使用的旋转电视架等，若担心少了实墙隔音不佳，可将两边房间的柜体背对背并排设计，就能拥有与实墙一样的隔音效果。

4 提高柜体功能就是提高使用率

在小住宅中常见到许多高效率设计，多面柜体就是一例。为了提升橱柜的利用率，电视柜或玄关柜等常做双面收纳规划，这些柜体设计的主要原则是要能满足周边区域的收纳需求，不只双面柜，甚至有三面或四个面向的立体柜，而柜内的应用区隔则可依屋主需要量身定做。

5 依照物品使用区域设计收纳

大型更衣室把衣服、鞋子、包包、配件等收在同一空间，有如豪华精品展间。但这与一般家庭普遍分里外脱鞋的习惯大相径庭，若将这些物品集中一处收纳，可能会发生整装出门前在家里跑来跑去的情形。鞋柜及书柜规划要依照习惯动线，鞋柜最好在入门处，如门后方的空间。

穿透感设计，50㎡小宅也能有超放大的应用

平面 33 m²、夹层 17 m² 的这套房子，本身是个长形空间，加上原本的格局封闭，动线、采光不良，使得视觉上感受十分狭窄且使用不便。因此在"开阔、明亮、舒适感"的改造要求下，设计师打开空间，引光入室放大室内视觉感受，并运用具穿透性的材质令空间显得更加开阔。

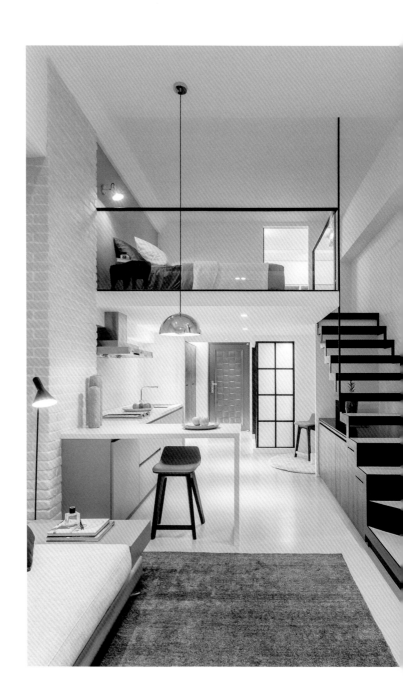

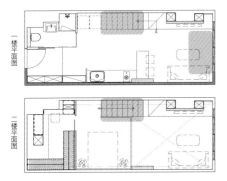

面　　积	50 m²
格　　局	2 厅 1 房 1 卫
居住成员	1 人
设计团队 & 图片提供	和和设计

01 悬空鞋柜与透光滑门设计解决玄关狭迫感。原本的玄关因为同时要摆放鞋柜，旁边又是卫浴，动线十分狭窄，让人进入室内时难有好心情，因此设计师将鞋柜做悬空设计，让视觉感到轻盈且能在下方放置拖鞋与临时穿脱的鞋子，而另一边的卫浴空间则将旧有的封闭隔间拆除，换上铁框毛玻璃滑门，不显压迫又兼顾隐私。

02 杂物藏起来，空间变宽广。通往二楼的楼梯位于客厅中央，如果为了增加收纳而将楼梯下方做满，容易令视觉显得狭隘难受，因此运用铁件与镂空营造空间轻巧感受，而电视墙面以白色文化石打底，并运用左侧的空间收纳电器，摆饰则放在旁边的层架上增添个人风格。

03 运用视线角度做收纳。小面积收纳更要妥善分配，在看得到的地方运用穿透材质与设计：入口处的悬空收纳鞋柜、浴室的玻璃滑门、镂空的中岛吧台、不刻意做满的楼梯下方区域、夹层主卧的玻璃隔间等。适时利用目光不易停留的下方规划具收纳功能的柜体，再搭配有效放大的色调，小空间也能有大感受！

01

02

03

WHEN YOU
dance
I FALL IN
LOVE
ALL OVER
again

扩充收纳
空间规划要诀
CASE 19

精算生活模式，找出小宅的100种可能

面对屋主一只手都数不完的需求，却要在 46 m² 的空间中实践，似乎是天方夜谭。设计师将空间分为三个区块：客餐厅、书房与夹层卧室区，运用同构型、高度性将错层的建筑空间达到最大化的利用，并透过家具的变化使用：旋转餐桌、墙面活动收纳等来满足临时增加的需求。

面　　积	46 m²
格　　局	套房
居住成员	1 人
设计团队 & 图片提供	KC design studio 均汉设计

01 旋转餐桌满足空间与使用的最大值。厨房与餐桌有连贯性的同质需求，设计师将这一需求置入在空间中：开放式 L 形厨房将一侧台面设计为旋转桌，让小面积空间运用与用餐需求取得平衡，平常能享受宽广的开放式空间，也能满足屋主喜爱邀请朋友到家中聚会的需求。

01

02

02 善用错层，找到生活最舒适的方式。"睡觉时我们是躺着的，工作、阅读是坐着的，主要的动线我们是站着经过的。"设计师将这样有趣的高度性发现运用在这栋错层公寓中，挑高 4 m 分成上下两段，分别为睡眠区与书房空间，客餐厅维持挑高 3 m 展现空间宽阔度，灰色沙发与同色施以艺术漆的地坪则延展视觉尺度。

03

03 家具多元变化令空间得以串联。因为空间的错层设计，位于电视墙后方的书房得以降低三阶，让上下得到延展，而 L 形书桌下方也因此有收纳行李箱、吸尘器等中型家电的空间。而由书房壁面延伸至卧室区的洞洞墙面，可随着收纳的物品大小变换层架、柜体，更能搭上绳索作为 TRX 的运动，增加了使用弹性，并让上下空间得以串联。

厘清生活需要，找出空间中的最大可能性

小面积空间常受限于面积，有功能紧张、收纳量不足的情况。这套房子的屋主一家已在这里生活了一段时间，随着小孩逐渐长大，愈发觉得原空间的设计不符合当下需求，决定通过重新翻修改善既有空间问题，也试图从中找出空间收纳与功能的最大可能性。

面 积	59 m²
格 局	2 房 2 厅
居住成员	2 大 1 小
设计团队 & 图片提供	穆丰空间设计有限公司

01

01 善用材质改善收纳。过去的生活总显得凌乱的最主要原因是未能在各个空间配置专属的收纳设计，于是设计师在玄关处放置了落地高柜，充足的空间足以摆放一家人的各式鞋子。另外也在墙面处使用了洞洞板，并在其中加入圆棒，即可用来吊挂包包、帽子等，出门不再急急忙忙，而是能从容地准备好后再外出。

02 注入不同形式的收纳。将客厅、餐厅整并，并在其中利用不同形式，找出收纳的最大可能性。例如，自玄关进入室内，便可看到自电视柜延伸出的展示柜，用来摆放屋主一家人的生活收藏；转至餐桌旁则有属于餐厅的餐柜，台面上可摆放相关小家电，下方可收纳置物。至于客厅沙发，一部分转作卧榻形式，坐垫下方也能用来置物，各式物品能被有序收纳，有助于维持家的整洁。

03 让收纳化零为整。在有限空间内，设计者仍选择在卧室内规划一处独立更衣室，让相关衣物、大型物品都能有效率地被收整在一块，摆放容易也利于寻找。由于面积不大，为了确保更衣室的通风与干燥，特别在上方做了小气窗的设计，运用上掀式五金件，让这个小环境的空气获得良好循环。

扩充收纳
空间规划要诀
CASE 21

无极限扩充小宅使用率
天地壁埋入收纳，

每个局限的空间，都是烧脑的挑战，考验设计师的解题创意！而这个 40 m² 的房子，不仅得住进一家四口，还得设计出海量收纳，着实棘手。但运用高低差创造的"空中空间"，及壁面、地表暗柜，使用率不仅倍增，精算后采光照明更放大了视野，创造零压迫感舒适小宅。

面　　积	40 m²
格　　局	2房2厅
居住成员	2大2小
设计团队 & 图片提供	虫点子设计

01 善用看不见的地方做收纳。考虑四人居住的空间需要充足的收纳，但又得保持动线宽敞，设计师把柜体全化成家具。例如，下方附有大抽屉的沙发、窗台下方设计掀盖式的柜体等，充分利用所有看不到的地方，同时埋入间接照明，消减家具笨重感，伴随自然采光，空间自然透亮舒适。

01

02

02 多功能柜体，宛若变形金刚。考虑水电管道迁移耗费劳力成本较大，又有安全隐患，因此在不动厨房与浴室位置的前提下，设计师拆掉了原本的隔间墙，拿掉遮挡视线的区隔物，空间自然放大。搭配白橡木的明亮质感，黄色、白色壁面让压迫感减到最低，并嵌入明、暗柜，地坪虽小亦有五脏俱全的收纳设计。

03 顶天立地大柜体，收取毫不费力。另一侧的区域作休息睡眠之用，设计师以一道玻璃拉门取代笨重水泥墙，作为两个房间的划分；其中一房设计上下式床铺，可一次容纳 4 至 5 人休憩；特别设计的滑动式爬梯，不仅安全、方便，也让高处收纳柜的物品更好收好拿，极具巧思！

03

扩充收纳
空间规划要诀
CASE 22

改造厨房，释放空间换来大厅堂

屋龄 20 年的复层，尽管居住者只有一位单身女士加上一只狗，但 50 m^2 的空间就是拥挤不堪，特别是 3.5 m^2 大的厨房仅容转身，下厨总是说不出的麻烦。设计师妙手拆除两道隔墙打造开放式餐厨区，不仅释放空间，也大大提升通风采光，吃饭再也不用缩在茶几上，从此开启更有质量的生活。

面 积	50 m^2
格 局	1 房 1 厅
居住成员	1 人 1 狗
设计团队 & 图片提供	一它设计

01

01 少即是多，开放式设计让使用率倍增。老式空间格局总少不了独立厨房，但在仅 23 m^2 的单层空间中，厨房的存在成了最大的负担，也阻挡了单面采光的光源，客厅狭小阴暗。设计师拆除墙面打造开放空间，并设计立柱增加收纳，柱体两侧设有活动式迷你餐桌，不使用时随时收起，增加空间使用弹性，客厅厨房空间重复运用，使用率更高。

02 善用阶梯下方空间满足收纳需求。考虑 50 岁屋主上下楼梯的安全性，设计师加装了原本没有的扶手。楼梯下方为客厅靠近餐厨区的位置，视高度放置电视柜、冰箱与杂物柜，取用动线符合实际需要。

03 玄关巧思让空间足足增 2 倍。房子玄关处原本较为狭小，设计师运用镜面让走道瞬间拉大，贴壁立柜采开放式层架设计，将空间压迫感降到最低，柜内增加包包衣物的收纳，充分考虑到大门进出顺手摆放的需求。

04 色彩、材质、照明营造舒适无压睡卧空间。沿楼梯而上的空间为屋主就寝区，由于层高较低，设计师舍去天花板，并将所有照明嵌入柜体、侧墙，打造柔和不刺眼的光源。多处地方使用半透雾玻璃，拉长视线。拉门后的微型更衣间不但承载大量收纳，也少了实体衣柜造成的复杂立面。长宽高三个维度都受限的空间，却能以色彩、材质、照明打造出舒适的居住质量。

CHAPTER

4

选对家具，
空间利用再升级

掌握尺寸比例，小家也能宽敞美好

玄关▶功能设计尺寸图解

客厅、书房▶开放动线尺寸图解

餐厅、厨房▶活用柜体尺寸图解

房间、卫浴▶层板巧思尺寸图解

功能设计尺寸图解

　　作为出入室内外的重要枢纽，玄关既需要有高度应用弹性，又必须具备方便收取的机能，愈是面积受限的空间，玄关的流畅度与开阔度愈是重要，通过家具、摆设可以让空间使用更灵活。

插画提供／黄雅方

玄关动线的基本原则

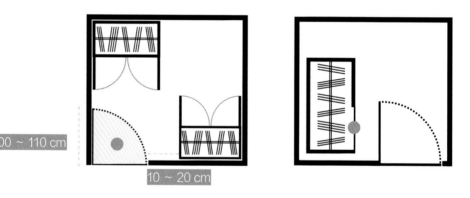

100 ~ 110 cm

10 ~ 20 cm

预留大门旋转半径及门边 10~20 cm 的距离，才能保持畅通的玄关动线。

　　面积狭小的房型大多无法隔出独立玄关，以地坪材质、屏风、鞋柜等家具简单做出内外分界是最常见的手法，或是设计落尘区。在有限的空间里，玄关位置和空间规划与大门息息相关，设计首要考虑大门的门片旋转半径，在门片打开的范围内要避免放置物品，以免造成出入困难。一般门宽多为 100 ~ 110 cm，若将鞋柜放置在大门正面或侧面，中间需预留 10 ~ 20 cm；若放在门后，则柜体要稍微往后退缩，另外也要注意玄关柜体门片是否有充分的开阖空间。空间窄小的玄关最好运用层架式柜体，或是附横移拉门的玄关柜，也要根据自身使用需求安排动线与柜体大小。另外穿衣镜、包包和外套的衣帽架、穿鞋椅等，也要视可预留的面积大小做规划。

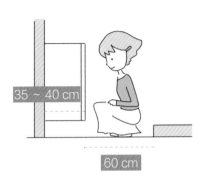

35 ~ 40 cm

60 cm

鞋柜基本深度 35 ~ 40 cm 最为适当，穿鞋椅高度略低于一般沙发，落在 38 cm 左右；深度无一定限制，宽度可视玄关空间大小、需求做调整。

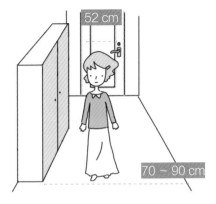

52 cm

70 ~ 90 cm

人的肩宽约 52 cm，走道留 75 ~ 90 cm 为最佳，小户型最少也要留 60 cm 才不阻碍出入。

玄关柜体规划重点

　　鞋柜的摆放位置应以距离入口 120 ~ 150 cm 为最佳。狭长型玄关鞋柜的最适位置是大门的两侧。开放式的大门空间（无玄关区域）可规划落尘区，在大门与室内空间以 120 cm 见方做出 2.3 cm 的高低落差，创造内外缓冲区，外出的脏污才不会带进室内。依鞋子大小而言，鞋柜的深度一般建议做 35 ~ 40 cm，如果要考虑将鞋盒放到鞋柜中，则需要 38 ~ 40 cm 的深度，如果还要摆放高尔夫球球具、吸尘器等物品，深度必须在 40 cm 以上才足够使用。如果空间上允许，若能拉出 70 cm 深度，可以考虑采用双层滑柜的方式，兼顾分类与好拿，层板可采用活动式，方便屋主视情况随意调整，保持灵活性。

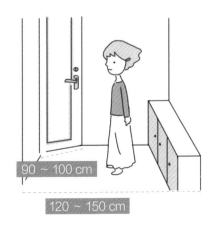

90 ~ 100 cm

120 ~ 150 cm

由于大门尺寸宽度落在 90 ~ 100 cm，因此门打开回旋空间需要有 100 cm 宽，并需要预留 20 cm 的站立空间，因此落尘区至少应以 120 cm 见方设计。

提升空间使用率的小家具

01 _ Dedal Bookshelf　壁挂架

深度仅 19 cm 的壁挂架，适用于面积受限的玄关空间，作展示、陈列用，特殊造型能依需要堆放，机动性高。(价格：¥3000 / 图片提供：集品文创)

02 _ Cutter Mini Wardrobe
卡特迷你层板挂架、矮凳

L 形层板挂架能以更小的体积制造出更大的收纳空间。顶端的木条层板设计，让你有更多置物空间，还可以搭配同系列的置物盒一起使用，成为活动式的抽屉，在墙面上垂直收纳。(价格：¥2940 挂架、¥3335 矮凳 / 图片提供：集品文创)

03 _ Dropit 滴答 挂钩

别出心裁的木制水滴造型挂钩。可单挂于墙面，也可任意变换排列方式创造墙面有趣端景，适合放在玄关大门附近区域，也适合作为儿童房收纳。(品牌：Normann Copenhagen / 图片提供：集品文创)

04 _ Joy 环形旋转七层置物柜

打破框架创作出的变形置物柜，每一层板以联结的骨架为中心点，能向左或向右 360 度环形盛放，凭借着出色的设计概念，在 1991 年获得金圆规设计奖 (Compasso d'Oro Award)。是收纳柜、摆放柜，也是收藏展示柜，适合作为玄关处的创意收纳。(价格：¥34960 / 图片提供：北欧橱窗)

01

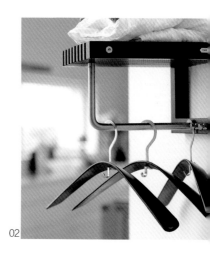

02

02

03

04

04

开放动线尺寸图解

虽然愈来愈多人喜欢将客厅结合书房、餐厨，打造成开放式活动区，然而若要考虑影音设备及沙发会客动线，客厅基本上还是有固定的配置逻辑。此外，客厅同时也是招待宾客的场所，代表着屋主和家人成员的个性喜好与生活品位，如何在提升使用率之余展现风格，就成了规划的关键。

插画提供 /

小面积客厅动线的基本原则

在面积有限的情况下，客厅中各式家具、柜体最好选择在非主要动线上进行空间规划，如沙发背墙、电视墙的转角处等，可以弱化柜体的存在感。而收纳柜体的设计，应以简单利落的层架或壁柜为主，避免落地式柜体占据太多的空间，材质上可以运用玻璃或是铁件，让柜体线条更轻盈，也避免使用过于厚重的色彩（若有特定风格就不在此限），看起来不会过于压迫沉重。

此外，旧式房子很可能已经将阳台收纳为室内面积，只要建立出高低差，就能创造更多元的运用，地板垫高设计为卧榻，或是榻榻米，下方还可以做收纳柜使用。善用空间现有条件来强化收纳功能，更能有效提升使用率。

如何配置出适当的客厅动线呢？需要将空间与家具综合考察。以深度105 cm的沙发为例，若加上75 cm的走道和茶几，整体空间最少需有3.3 m的深度，行走才不觉得窒碍。如选择80 cm深的沙发，相对释放出空间给走道，舒适度自然提升。有限空间若能选择略为低矮的家具，空间相对显得宽阔。

有限空间中若能选择略微低矮的家具，空间相对显得宽阔。

电视影音设备的尺寸配置

市面上各类影音器材的品牌、样式虽然多元化，但器材的面宽和高度其实差不多。建议可以在电视下方打造电器收纳柜，电器柜上方的平台空间，则可用来摆放展示品。视听柜中每层的高度建议约 20 cm、宽 60 cm，深度则安排在 45 ~ 60 cm，游戏机、影音播放器等都可收纳，也可以再添加一些活动层板等，留待未来有需求时调整层架高度和数量。

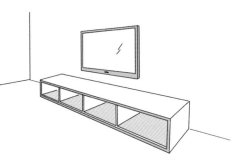

电视影音柜体高度建议约 20 cm、宽 60 cm，深度则安排在 50 ~ 60 cm。

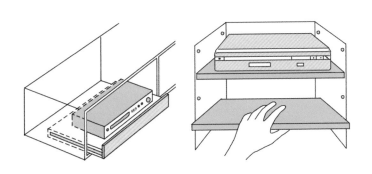

视听柜深度记得要预留管线空间，有些柜体会预留孔洞方便屋主弹性调整层板高度。

视听设备通常会堆高摆放，因此视听柜中每层的高度约为 20 cm，宽度约 60 cm，记得要预留接线空间，深度通常落在 50 ~ 55 cm，建议不要小于 45 cm，以免无法摆放。至于承重的层板，也需要能够调整高度，以便配合不同高度的设备。而方便移动机器位置的抽板设计，也是方式之一，但若是特殊的音响设备，需要针对承重量再进行评估。

书房空间的规划重点

书房可以是封闭的空间，也可以作为开放式的阅读场所，但必须是家中可以静下来的角落，同时能具有高收纳功能。一般来说，书柜柜体深度建议至少

30 cm，层板高度则必须超过 32 cm，但如果只有一般书籍，就可以做小一点的格层，但深度最好还是要超过 30 cm，才能适用于尺寸较宽的外文书或教科书。

格层宽度的间距最好避免太宽，导致支撑力不够，书籍重量压坏层板。为了避免书架的层板变形，建议木材厚度加厚，在 4 ~ 4.5 cm，甚至可以到 6 cm，不易变形，视觉上也能营造厚实感。

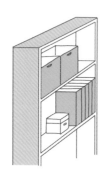

先确认书本大小再选择收纳柜体，能避免空间浪费。

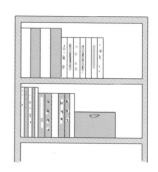

超过 90 cm 宽的书柜，层板材质需更坚固，或在中间加上立柱，避免负重超载。

展示层板尺寸配置

书量少的情况下，可把书本作为展示的一部分。设置深度 5 ~ 8 cm 的层架，让书本封面正面示人，不仅不占空间，也能美化环境，创造整齐舒适的立面空间。

展示型层架虽然收纳量有限，却能塑造出想要的空间端景。

提升空间使用率的小家具

01

02

01 _ Cloud 云形叠柜

塑料材质的 Cloud 云形叠柜，一体成型的艺术设计，不规则的有机造型可多个组合，让空间有更多变化。不论作为靠墙收纳区或独立放置，都能创造家中特殊端景。（价格：￥7800 / 图片提供：北欧橱窗）

02 _ Tate 书柜层架系列

模块化的设计为小空间提供贴心的收纳方案。可依需求和空间规划挑选样式加以组合，简约的风格保有经典外观，美丽的胡桃木饰面让空间带有温润氛围。（价格：￥4600~9680 / 图片提供：Crate&barrel）

03 _ Lottie 金属壁挂收纳架

金属青铜漆面线形格笼收纳架，具有高低不同的层板设计，可以自由展示各种收藏和书籍，无论在客厅、书房或是玄关，悬挂于墙上都能让使用更有弹性。（价格：￥2875 / 图片提供：Crate&barrel）

03

活用柜体尺寸图解

作为下厨及用餐的动态场所，小户型中餐厨空间的动线相对重要，各式物品的收纳是否便于取用，也成为实用性的关键，如果摆放动线凌乱，下厨时就显得阻碍连连，用餐气氛也大打折扣。

插画提供／黄雅方

餐厅空间位置配比

比起厨房，餐厅相对单纯许多，桌、椅、柜是主要家具。其中首先要定位的是餐桌位置，无论是方桌或圆桌，餐桌与墙面间最少应保留 70 ～ 80 cm 的间距，还要保留走道空间，必须以原本 70 cm 再加上行走宽度约 60 cm，所以餐桌与墙面至少有一侧的距离应保留 100 ～ 130 cm，使用时才有充裕的转圜空间。

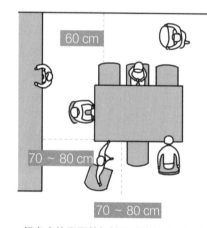

餐桌座位需要算好墙面走道的空间，才能有顺畅的使用动线。

厨房动线的基本原则

厨房空间的形态较为多元，不论是开放式、独立式，或是半开放式，基本的动线空间都是一样的，走道的宽度须维持在 90 ～ 130 cm。若为开放厨房，餐厅与厨房多采合并设计，餐桌（或中岛桌）与操作台面也需保持相同间距，可以让二人错肩而过，当操作台面上的餐盘食物要放到餐桌时，只要转身一个小踮步的距离，相当便利流畅。

餐厨合并因省略了隔间墙，因而能共享走道动线，省下更多空间，在小户型中是十分常见的做法。规划上可将一字形操作台与中岛餐桌做平行配置，或是用 L 形操作台与中岛餐桌搭配，或者是操作台搭配 T 形的吧台与餐桌，餐厨形式主要取决于空间格局、动线和烹饪习惯。一字形的餐厨得预留足够的走道宽度、餐椅拉出的空间宽度，一般来说以70 ~ 90 cm 为佳。

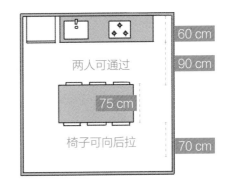

餐厨合一的空间虽然充分利用了空间，但设计不好就可能影响动线。

吧台与中岛尺寸配置

比起独立式餐桌椅，小面积空间选择以吧台或中岛延伸厨房功能，并取代餐桌的做法已愈来愈普遍。中岛的基本高度与厨具相同，落在 85 ~ 90 cm，若想结合吧台则可增高到 110 cm 左右，再搭配吧台椅使用。一般中岛（含水槽）的基本深度约 60 cm，也可以尝试适度增加其深度，赋予厨房更多收纳功能的同时，也能将部分空间提供给外侧餐厅或公共区域。吧台台面高度一般在90 ~ 115 cm 不等，宽度则在 40 ~ 50 cm；吧台椅应配合台面高度来挑选，常见高度为 60 ~ 75 cm，就人体工学角度而言较为舒适。

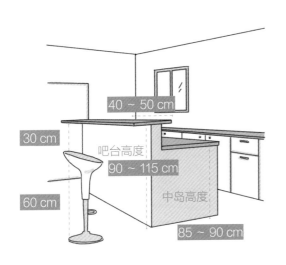

若想选择适合的椅子高度，务必比桌面或台面低 30 cm。

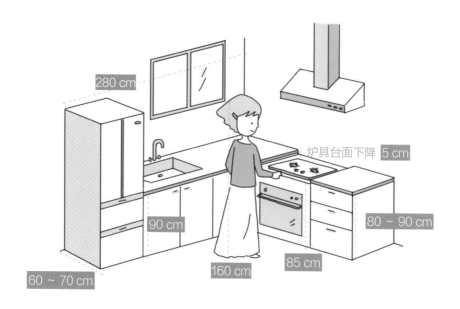

280 cm

炉具台面下降 5 cm

90 cm

80 ~ 90 cm

85 cm

160 cm

60 ~ 70 cm

一般烹饪动线依序为水槽、备料区和炉具，中央的备料区以 75 ~ 90 cm 为佳。

餐柜尺寸配置

餐厅中的橱柜设计包罗万象，但最终仍需要考虑实用功能，形式与尺寸都随功能而定，可分为展示柜、餐边柜，另外，厨房电器柜也有移至餐厅内的趋势。有些餐柜尺寸是依空间尺寸量身定做，惯用餐边柜高度约 85 ~ 90 cm，展示柜则可高达 200 cm 以上，深度多为 40 ~ 50 cm，收纳大盘或筷类、长勺时更方便。

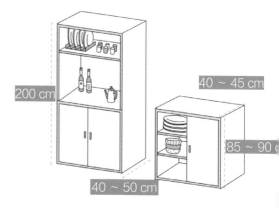

200 cm

40 ~ 45 cm

85 ~ 90 c

40 ~ 50 cm

餐柜尺寸依空间尺寸量身定做，惯用餐边柜高度 85 ~ 90 cm，展示柜则可高达 200 cm 以上。

提升空间使用率的小家具

01 _ ALLY 收纳车品酒系列

巧妙地把品酒的各项器物收纳到方便的酒柜推车上。在实用的功能中体验出细节设计上的严谨与精致。顶部置物盘既深且宽，方便放置食品，两侧把手方便移动，亦可放置擦手布，而推车本身不仅可以倒挂酒杯，底部双层酒架还可储存 10 瓶酒。（价格：¥2710 / 图片提供：nest 巢 · 家居）

02 _ 8 层厨房锅架

多功能铆接钢制锅架简约外型设计。使用卓越的热轧钢，经锤制与耐久压克力涂层加工。8 层锅架能放置所有尺寸的锅具和食谱；三个挂钩可悬挂最常用的厨具。摆放在墙边角落，让空间发挥最大作用。（价格：¥1495 / 图片提供：Crate&barrel）

01

02

03

03 _ One Step Up 步步高升书架

烤漆钢板制成的层板，以两条实木杆支撑，呈现简约利落的现代风格，共有高、低两种尺寸可供选择，不论作为展示柜、书柜，甚至放置烤箱或微波炉的橱柜，都能展现闲逸生动的居家风情。（价格：¥5175 / 图片提供：集品文创）

Bedroom & Bathroom 房间、卫浴 ▶
层板巧思尺寸图解

卧房和卫浴皆属于高度私密且个人化的空间，整体的使用功能、配置与生活习惯息息相关。卧房中床位、大型落地柜宜优先决定，再渐次规划其他家具；卫浴空间则依其形态作划分。

插画提供／黄雅方

卧室动线的基本原则

卧室中最主要的家具是床，决定床的位置之后，只要有适当距离，橱柜摆放就不是难事。一般单人床尺寸（宽 × 长）为 106×188 cm、双人床 152×188 cm，以此可推算出适合卧室的尺寸。如果想摆大床，可以减少床边柜、梳妆台，挪出多余空间使用。床位确定后，先就床的侧边与床尾剩余空间宽度，决定衣柜摆放位置。侧边墙面如果宽度不足，可能要牺牲床头柜等配置，床尾剩余空间若不够宽敞，容易因高柜产生压迫感。

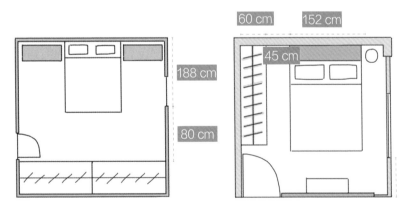

将床头靠墙摆放，床尾剩余空间（包含走道空间）通常不足以摆放衣柜，因此衣柜多安排在床的侧边位置，较不占空间的书桌、梳妆台则移至床尾处。

卫浴空间规划

卫浴空间的形态以干湿区为规划基础，分为放洗手台、马桶的干区与淋浴空间或浴缸的湿区。规划时洗手台和马桶须优先决定，剩余的空间再留给湿区。淋浴所需的空间较小，若是在小空间内建议以淋浴取代浴缸，如果空间再小一点，可考虑将洗手台外移，洗浴能更舒适。马桶面宽在 45 ～ 55 cm，深度 70 cm 左右。由于行动模式是走到马桶前转身坐下，因此马桶前方须至少留出 60 cm 的回旋空间，且马桶两侧也须各留出 15 ～ 20 cm 的空间，起身才不觉得拥挤。

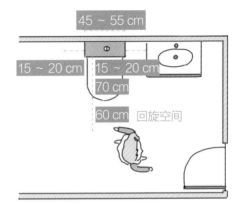

马桶前方须至少留出 60 cm 的回旋空间，才符合使用的基本需要。

卧室柜体尺寸配置

成人的平均肩宽为 52 cm，以此推算衣柜深度至少需要 60 cm，密闭式柜体则须将门片厚度及轨道计算进去，衣柜深度为 70 cm。而单扇门片约为 40 ～ 50 cm，整体衣柜的最小宽度约在 100 cm 左右。开合式柜体走道至少须留至 45 ～ 65 cm。

若是空间纵深或宽度不足，只摆得下一张床铺，不如利用垂直空间，让柜体悬浮于床头或床尾的上方。一般床组多会预留床头柜空间，或者有人忌讳压梁问题而将床往前挪移，在缺乏摆放衣橱的空间，或者收纳量不足时，便可利用床头柜上方空间，打造橱柜，解决收纳需求。

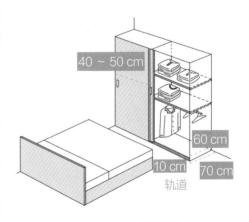

衣柜深度 60 cm，走道须留 45 ～ 65 cm。

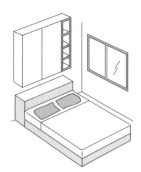

柜体放床头

床头空间若运用得宜，就能赚到高收纳功能。

卫浴柜体尺寸配置

　　洗手台本身的尺寸为 48～62 cm 见方，两侧再各加 15 cm 的使用空间，这是因为在盥洗时，手臂会张开，若是将脸盆靠左或靠右贴墙放置，使用上会感到局促，因此左右须预留张开手臂宽度的位置。洗手台离地的高度约在 65～80 cm，尽量做高一些，可减缓弯腰过低的情形，但家中若有小孩或老人，则以小孩和老人的高度为依据，避免过高难以使用。

　　若使用镜柜，须注意手到镜柜的距离是否会太远。这是因为在人和镜柜之间有洗手台，若是洗手台深度为 60 cm，且镜柜内嵌于壁面中，洗手台深度加上 15 cm 的镜柜深度，手伸进去拿物品的距离就有 75 cm，身体必须前倾才能拿到。若是小孩或老人，则更加困难。一般建议手到镜柜内部的距离为 45～60 cm。

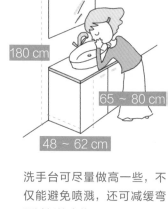

180 cm
65～80 cm
48～62 cm

洗手台可尽量做高一些，不仅能避免喷溅，还可减缓弯腰过低的疲劳。

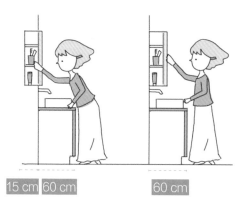

15 cm　60 cm　　　60 cm

洗手台上方通常有镜柜，并有内嵌式或外挂式两种配置方式。

提升空间使用率的小家具

01

02

01 _ Towel Ladder 阶梯毛巾架

利落造型随性斜搭就能成为个性兼具实用的收纳架。粉质涂装的金属结构低调内敛，梯子的多格横杆拥有充分的收纳空间，能自由移动位置，放置在浴室可以当毛巾架，浴袍也可以随意挂在上面，还可以放在起居室当挂衣架使用。（价格：¥3864 / 图片提供：集品文创）

02 _ 多功能收纳柜

宽敞的开放式储物格可依不同需求存放物品，包括瓶罐、衣物、摆饰等。侧边旋开的抽屉则可收纳证件文件或个人私密物品；底层附门的储藏格内附层板，体贴地照顾到不同储存收纳之需求。顶部置物盘可依使用习惯及需求随意摆放家居用品或办公用品。（价格：¥3864 / 图片提供：nest 巢·家居）

03 _ ELVARLI 衣物收纳架

针对空间较狭小的卧室，开放式的层架比密闭式的衣柜更具有空间利用的功能，其收纳组合也可依不同空间调整，是能高度弹性变化的衣物收纳神器。（价格：¥4082 / 图片提供：IKEA）

03

DESIGNER INDEX

图书在版编目(CIP)数据

不换屋 ：家的重生改造计划 / 漂亮家居编辑部编 .
-- 上海 ：上海文化出版社，2020.10
ISBN 978-7-5535-2072-8

Ⅰ．①不… Ⅱ．①漂… Ⅲ．①住宅－室内装修－建筑
设计 Ⅳ．① TU767

中国版本图书馆 CIP 数据核字 (2020) 第 144076 号

《不换屋！家的重生改造计划：9～30 坪原地改造必看，小住宅超坪效进化术》中文简体
版 2020 通过四川一览文化传播广告有限公司代理，经台湾城邦文化事业股份有限公司麦
浩斯出版事业部授予联合天际（北京）文化传媒有限公司独家发行，非经书面同意，不得
以任何形式，任意重制转载。本著作权限于中国大陆地区发行。

著作权合同登记号 图字：09-2020-303 号

出 版 人：姜逸青
选题策划：联合天际
责任编辑：王建敏
特约编辑：邵嘉瑜
封面设计：刘彭新
美术编辑：程 阁

书 　名：不换屋：家的重生改造计划
编 　者：漂亮家居编辑部
出 　版：上海世纪出版集团　上海文化出版社
地 　址：上海市绍兴路 7 号　200020
发 　行：未读（天津）文化传媒有限公司
印 　刷：小森印刷（北京）有限公司
开 　本：710 × 1000 1/16
印 　张：13
版 　次：2020 年 10 月第一版　2020 年 10 月第一次印刷
书 　号：ISBN 978-7-5535-2072-8/J.476
定 　价：72.00 元

关注未读好书

未读 CLUB
会员服务平台